2021
农田建设发展报告

农业农村部农田建设管理司

中国农业出版社
北　京

编辑委员会名单

习近平总书记重要指示

要严格实行粮食安全党政同责，继续落实“菜篮子”“米袋子”责任制。要牢牢守住耕地红线，压实责任，出现问题要及时问责、终身问责，确保粮食安全兹事体大，是国之大者。

二〇二一年四月二十七日在听取广西壮族自治区党委和政府工作汇报时的指示

开展盐碱地综合利用对保障国家粮食安全、端牢中国饭碗具有重要战略意义。要加强种质资源、耕地保护和利用等基础性研究，转变育种观念，由治理盐碱地适应作物向选育耐盐碱植物适应盐碱地转变，挖掘盐碱地开发利用潜力，努力在关键核心技术和重要创新领域取得突破，将科研成果加快转化为现实生产力。

二〇二一年十月二十日、二十一日在山东东营考察时的讲话

农业现代化发展要向节水要效益，向科技要效益，发展旱作农业，推进高标准农田建设。

二〇二一年十月二十二日在主持召开深入推动黄河流域生态保护和高质量发展座谈会时的讲话

要把提高农业综合生产能力放在更加突出的位置，持续推进高标准农田建设，深入实施种业振兴行动，提高农机装备水平，保障种粮农民合理收益，确保口粮绝对安全、谷物基本自给，提高油料、大豆产能和自给率。

二〇二一年十二月八日在中央经济工作会议上的讲话

耕地保护要求要非常明确，十八亿亩耕地必须实至名归，农田就是农田，而且必须是良田。

二〇二一年十二月在中共十九届中央政治局常委会会议
专题研究“三农”工作时讲话的要点

前 言

特殊之年，粮稳国安。2021年是建党100周年、“十四五”开局之年、全面小康建成之年，也是开启全面建设社会主义现代化国家新征程的起步之年，牢牢把住粮食安全主动权、抓好耕地保护建设工作具有特殊重要意义。

一年来，各级农田建设管理部门紧紧扭住耕地这个要害不放松，实现藏粮于地开新局：新建成1亿余亩高标准农田，同步发展2 825万亩高效节水灌溉，超额完成年度建设任务；国务院批准实施新一轮高标准农田建设规划，绘就今后10年农田建设蓝图；经国务院同意印发实施国家黑土地保护工程实施方案，统筹谋划未来5年如何抓好黑土地保护这件大事；耕地退化区域开展综合治理，探索解决土壤酸化和盐碱地问题……“十四五”开局之年，全国耕地保护建设工作交上了一张亮眼答卷。

一年来，各级农田建设管理部门不断创新开展工作，积累了不少“护好田、建好田、管好田”的好经验、探索了不少示范建设模式，农田建设政策制度研究也取得丰硕成果。为忠实记录一年来耕地保护建设的工作做法、成效，凝聚一线同志和专家学者的实践和研究成果，进一步推动农田建设高质量发展，我们编写了《农田建设发展报告2021》。本报告设“综合篇”“地方篇”“大事记”等板块，总结交流各地的成功经验和创新做法，为各级农田建设管理部门提供全面、权威、实用的参考信息和资料，同时也方便关心关注耕地保护建设的社会各界人士了解、指导和监督耕地保护建设工作。

由于水平和经验有限，报告中收集和梳理的内容还不能完全展现各地农田建设工作成效，还存在一些遗憾和不足，我们将持续改进提升，敬请读者批评指正。

《农田建设发展报告2021》编写组

2022年10月

目 录

地　方　篇

大　事　记

综　　合　　篇

重 要 会 议

2021年全国冬春农田水利暨高标准农田建设电视电话会议精神

全国冬春农田水利暨高标准农田建设电视电话会议2021年11月4日在京召开。中共中央政治局常委、国务院总理李克强作出重要批示。批示指出：农田水利建设事关国家粮食安全和农业农村现代化大局。各地区各有关部门要坚持以习近平新时代中国特色社会主义思想为指导，认真贯彻党中央、国务院决策部署，加快实施藏粮于地、藏粮于技战略，抓好规划落实，抓住今冬明春时机，扎实推进农田水利和高标准农田建设，抓紧修复水毁灾毁农田设施，加快建设一批重点水利工程，进一步提高农业抵御自然灾害能力和综合生产能力。层层压实责任，强化资金投入保障，广泛调动社会力量和农民群众积极参与农田建设及管护，形成工作合力，确保建设标准和质量，完成好各项建设任务，为保障粮食和重要农产品有效供给、全面推进乡村振兴和农业高质量发展提供坚实支撑。

中共中央政治局委员、国务院副总理胡春华出席会议并讲话。他强调，要深入贯彻习近平总书记重要指示精神，落实李克强总理批示要求，扎实推进农田水利和高标准农田建设，加快水利高质量发展，为保障国家粮食安全和经济社会持续健康发展提供有力支撑。

胡春华指出，近年来农田水利和高标准农田建设取得明显成效，为实现抗灾夺丰收发挥了重要作用。要抓紧谋划建设好国家水网、破除水资源时空分布不均制约，扎实推进重大水利工程建设，加强大中型灌区建设改造，推进水生态环境保护修复，提高水安全保障水平。要加快耕地建设、破除土地资源制约，加大高标准农田建设和中低产田改造力度，努力增加耕地灌溉面积，积极挖掘潜力新建耕地，不断提高耕地质量。要持续兴修水利基础设施、提高防灾减灾能力，完善水利防汛抗旱基础设施体系，加强农田水利基础设施建设，加快实施病险水库除险加固。要提升农村供水保障水平、满足农民现代生活需要，加快推进供水工程改造提升，守住饮水安全底线，健全符合农村特点的长效运行管护机制。

胡春华强调，要着力做好今冬明春农业农村工作，切实抓紧抓好冬小麦、油菜生产，强化猪肉、蔬菜等菜篮子产品生产供应，保障好农村基本民生，确保群众温暖过冬。

2021年全国黑土地保护现场会精神

全国黑土地保护现场会2021年6月4日在黑龙江省绥化市召开。中共中央政治局委员、国务院副总理胡春华出席会议并讲话。他强调，要深入贯彻习近平总书记重要指示精神，按照党中央、国务院决策部署，把黑土地保护作为一件大事，进一步明确目标、实化举措、强化统筹，切实用好养好黑土地。

胡春华指出，黑土地是“耕地中的大熊猫”，对保障我国粮食安全这一“国之大者”具有不可替代的重要作用。当前黑土地“变薄、变瘦、变硬”问题十分严重，退化趋势尚未得到有效遏制，必须细化目标、明确责任，确保如期完成国家黑土地保护工程确定的各项任务。要切实加强侵蚀沟治理，坚定不移开展好保护性耕作，大力推进高标准农田建设，积极推动地力培肥，多措并举提升耕地质量。要在整体谋划的基础上分区推进黑土地保护治理，因地制宜突出保护治理重点，加强各项保护治理措施的叠加运用，切实提高分区综合治理成效。

胡春华强调，搞好黑土地保护这项系统工程，必须通过强化工作和项目统筹推动政策资金整合，各地要因地制宜加强统筹、提高治理实效，各有关部门要创造条件、积极支持。要将黑土地保护利用作为落实粮食安全党政同责的重要指标，强化农民和各类经营主体保护黑土地的责任，加强监测评价和监督考核，严厉打击偷采盗挖黑土行为，确保黑土地保护扎实有效推进。

在绥化期间，胡春华还实地考察了通过工程和农艺措施保护黑土地工作情况。

高标准农田建设项目区（黑龙江省嫩江市农业农村局提供）

2021年全国农田建设工作现场会精神

全国农田建设工作现场会2021年9月17日在山东省德州市齐河县召开。会议深入学习贯彻习近平总书记关于加强农田建设的重要指示批示精神，落实党中央、国务院决策部署，深入交流各地工作情况，全面部署实施《全国高标准农田建设规划（2021—2030年）》（以下简称《规划》），推动年度农田建设任务加快落地。农业农村部副部长张桃林出席会议并讲话。会议强调，要提高政治站位，深化思想认识，从战略和全局的高度全面把握建设高标准农田的极端重要性，以《规划》为统领，高质量推进农田建设。

会议强调，各地要全面领会《规划》精神，准确把握核心要义，紧盯《规划》目标任务、加快构建四级规划体系、落实高质量发展要求、创新投融资机制，不折不扣抓好《规划》落实。在实施新一轮高标准农田建设工程时，坚持新增建设和改造提升并重、建设数量和建成质量并重、工程建设和建后管护并重，产能提升和绿色发展协调，实现高质量建设、高效率管理、高水平利用。要抓住施工黄金期，加快今年项目进度，确保完成1亿亩高标准农田建设任务。

会议强调，要加强组织领导、强化资金保障、完善制度体系、强化风险管控，为农田建设提供全方位保障，推动新时期农田建设工作再上新台阶。

山东、湖南、宁夏、江苏南通、河南尉氏等作典型发言，与会代表现场参观了齐河县、聊城市茌平区、济南市槐荫区的高标准农田建设项目。

制度标准体系

为贯彻落实党的十九大和十九届历次全会精神，深刻领会落实中央经济工作会议、中央农村工作会议等重要会议精神，按照2021年农田建设管理重点工作要求，我们主动把农田制度建设工作放到农业和农村工作大局中统筹考虑，紧密结合工作实际，围绕耕地要害问题，认真研究完善农田建设相关法律法规、政策制度和技术标准，积极推进农田建设制度标准体系建设。

高标准农田建设项目区（河南省农业农村厅提供）

耕地建设保护立法

黑土地保护立法。为贯彻落实习近平总书记关于加强黑土地保护的重要指示批示精神和党中央、国务院的相关决策部署，2021年4月，全国人民代表大会农业与农村委员会启动了黑土地保护法的研究论证和草案起草工作。农业农村部农田建设管理司主动入位、积极配合、全程深度参与立法调研、法条起草、草案修改等各阶段工作。起草过程中突出“小快灵”立法特点，采取“边论证边起草”方式加快立法推进。5—9月，先后5次赴吉林、黑龙江、内蒙古、辽宁等省（自治区）开展立法调研。9月完成草案稿，并征求意见，逐步完善。12月，提请全国人大常委会进行初次审议。

耕地保护立法。为贯彻落实习近平总书记关于加强耕地保护的重要指示批示精神和党中央、国务院关于保障国家粮食安全，守住耕地保护红线的决策部署，进一步完善耕地保护法治体系，农业农村部在前期开展立法研究的基础上，紧紧围绕高标准农田建设、耕地质量提升、黑土地保护等耕地质量建设保护的各方面关键内容，深入研究，形成系统性立法思路和具体条款，积极推动耕地保护法草案起草。

其他相关立法工作。积极配合粮食安全保障法、湿地保护法、黄河保护法、国家公园法、土地管理法实施条例等法律法规草案的修改完善工作，全面强化耕地保护与建设。

重大工程规划方案

《国家黑土地保护工程实施方案（2021—2025年）》。为贯彻落实党中央、国务院关于保护好黑土地决策部署，按照中央经济工作会议、中央农村工作会议以及中央1号文件关于实施国家黑土地保护工程等相关要求，农业农村部牵头编制了黑土地保护工程实施方案。2021年6月，经国务院同意，农业农村部、国家发展和改革委员会、财政部、水利部、科学技术部、中国科学院、国家林业和草原局制定了《国家黑土地保护工程实施方案（2021—2025年）》（农建发〔2021〕3号，以下简称《方案》）。《方案》针对黑土耕地面临的有机质含量下降、水土流失、土壤退化等问题，明确了国家黑土地保护工程实施内容和分区实施重点，提出2021—2025年实施黑土地保护利用面积1亿亩的目标任务。到“十四五”末，黑土耕地质量明显提升，旱地耕作层达到30厘米以上、水田耕作层达到20～25厘米，土壤有机质含量平均提高10%以上。

《全国高标准农田建设规划（2021—2030年）》。国家“十四五”规划纲要和2020年、2021年中央1号文件均对编制实施新一轮全国高标准农田建设规划作出具体部署。农业农村部在深入多地开展实地调研，多次召开专题会议研讨论证，广泛征求中央有关部门、地方政府、相关领域专家、基层农田建设管理人员等各方面意见的基础上，牵头编制了《全国高标准农田建设规划（2021—2030年）》（以下简称《规划》）。2021年8月，国务院印发《关于全国高标准农田建设规划（2021—2030年）的批复》（国函〔2021〕86号），正式批复实施《规划》，统领全国高标准农田建设工作的顶层制度设计进一步完善。《规划》明确到2030年累计建成12亿亩高标准农田，改造提升2.8亿亩高标准农田，以此稳定保障1.2万亿斤以上粮食产能。《规划》提出全国高标准农田建设亩均投资一般应逐步达到3 000元左右，要紧扣田、土、水、路、林、电、技、管八个方面建设内容，完善高标准农田建设标准体系，统筹抓好农田配套建设和地力提升，提高建设质量。农业农村部积极会同相关部门切实抓好《规划》落实工作，印发加快构建高标准农田建设规划体系的通知，要求各省、市、县细化政策措施，坚持"下级规划服从上级规划、等位规划相互协调"的规划编制原则，聚焦提高粮食综合生产能力，加快编制本地区高标准农田建设规划，建立自上而下、衔接协调、责权清晰、科学高效的国家、省、市、县四级高标准农田建设规划体系；进一步明确建设布局、目标任务、标准内容、监管管护和资金安排等主要内容，切实将建设任务逐步分解到县、到地块。目前，全国已有31个省份先后印发实施省级高标准农田建设规划，其他省份规划均在按程序报批。

高标准农田项目区喜迎粮食丰产丰收（江西省农业农村厅提供）

农田建设配套制度

《高标准农田建设质量管理办法（试行）》。为加强高标准农田建设质量管理，2021年3月13日，农业农村部印发《高标准农田建设质量管理办法（试行）》（农建发〔2021〕1号）。该办法旨在推动农田建设高质量发展，明确高标准农田建设项目实行项目法人责任制、招标投标制、合同管理制等基本管理制度，对项目储备库质量管理、立项质量管理、实施质量管理、建后质量管理、质量监督等方面提出了要求。

《关于完善农田建设项目调度制度的通知》。为全面完成中央确定的高标准农田和高效节水灌溉建设任务，2021年3月5日，农业农村部根据农田建设实际情况，印发《关于完善农田建设项目调度制度的通知》（农建发〔2021〕2号），对调度范围、时限和形式等予以优化完善，从2021年4月初开始实行农田建设项目月调度制度。

《高标准农田建设项目竣工验收办法》。2021年9月3日，农业农村部依据《国务院办公厅关于切实加强高标准农田建设提升国家粮食安全保障能力的意见》（国办发〔2019〕50号）、《农田建设项目管理办法》（农业农村部令2019年第4号）等有关规定，制定《高标准农田建设项目竣工验收办法》（农建发〔2021〕5号），规范了高标准农田建设项目竣工验收的条件、程序、内容等，要求项目审批单位应在项目完工后半年内组织完成竣工验收，确保项目建设成效。

《农业综合开发国际合作项目执行管理评价办法（试行）》。为建立健全农业综合开发国际合作项目执行管理工作评价激励机制，依据财政部有关规定和项目有关协议要求，2021年7月26日，农业农村部办公厅印发了《农业综合开发国际合作项目执行管理评价办法（试行）》（农办建〔2021〕5号），将项目实施计划内容指标化，分级压实责任，推动地方加快项目建设，稳步提升项目建设成效，按时保质完成各项建设任务。

《农田建设工作纪律“十不准”》。为统筹做好农田建设领域发展与安全，加强廉政建设，有效防范风险，营造风清气正的农田建设工作环境，2021年8月20日，农业农村部办公厅印发《农田建设工作纪律“十不准”》（农办建〔2021〕7号），确保农田建设项目安全、资金安全、队伍安全，高质量完成农田建设各项目标任务。

《藏粮于地藏粮于技中央预算内投资专项管理办法》。为更好发挥中央预算内投资效益，根据《政府投资条例》和中央预算内投资管理的相关规定，2021年9月1日，国家发展和改革委员会、农业农村部、海关总署、国家林业和草原局联合印发《农业领域相关专项中央预算内投资管理办法的通知》（发改农经规〔2021〕1273号），制定了《藏粮于地藏粮于技中央预算内投资专项管理办法》。该办法所述藏粮于地藏粮于技专项包括高标准农田和东北黑土地保护等项目，采取“大专项+任务清单”管理模式，全部为约束性任务。

《关于严格耕地用途管制有关问题的通知》。为贯彻落实党中央、国务院关于遏制耕地“非农化”的决策部署，切实落实土地管理法及其实施条例有关规定，严格耕地用途管制，2021年11月27日，自然资源部、农业农村部、国家林业和草原局联合印发《关于严格耕地用途管制有关问题的通知》（自然资发〔2021〕166号），进一步加大耕地和永久基本农田保护和管控力度，明确建立耕地年度“进出平衡”制度，完善设施农业建设用地审批制度，改进和规范占补平衡，强化永久基本农田用途管控。

耕地质量标准体系

推进《高标准农田建设 通则》修订。广泛征求中央有关部门、地方农业农村部门、有关专家及农业生产经营主体、社会公众意见的基础上，组织对2014年发布的《高标准农田建设 通则》（GB/T 30600—2014）进行修订。在修订思路上，坚持全面提升农田质量、因地制宜分区施策、科学适用绿色发展等原则，进一步细化实化标准内容。2021年11月底，通则修订稿通过专家审查会审查，已按程序报国家标准化管理委员会审批。

筹备成立耕地质量标准化技术委员会。标准制修订具有很强的专业性和技术性，与行政管理存在明显区别，须由专门组织来开展相关工作。为此，农田建设管理司会同农业农村部耕地质量监测保护中心梳理了农田建设和耕地质量相关领域亟须修订和制订的标准，拟组建耕地质量标委会，汇集农田工程建设和耕地质量建设保护等方面的专业力量，构建集中统一完善的耕地质量标准体系，为整个行业的规范发展提供技术引领。经过前期充分准备，已于2021年11月将成立申请按程序报至农业农村部农产品质量安全监管司。

推进土壤质量相关标准制修订。经农田建设管理司审核通过的《土壤质量农田土壤地表径流监测方法》等8项报批国家标准项目已有6项通过国家标准化管理委员会审定并发布，其余2项也督促相关单位按审查会意见进行了修改完善。2021年，农田建设管理司审核了《农用地土壤环境质量类别划分技术指南》等9项国家标准项目申请，对其中3项提出了修改完善意见。

开展农田建设概算定额编制前期调研工作。2021年5月，农田建设管理司委托农业农村部工程建设服务中心在辽宁沈阳召开座谈会，召集部分省份从事农田建设工作的相关同志和专家开展研讨，全面听取地方同志和行业专家的意见，初步确定了工作目标和实施步骤。截至2021年底，先后赴辽宁、江苏、新疆、山西等省份实地调研定额编制工作，了解地方实际需求，基本形成编制工作思路。

高标准农田项目区（陕西省咸阳市农业农村局提供）

高标准农田年度建设任务

党中央、国务院高度重视高标准农田建设。习近平总书记强调把提高农业综合生产能力放在更加突出的位置，持续推进高标准农田建设。李克强总理对发展粮食生产、加强高标准农田建设提出明确要求。胡春华副总理多次对抓好高标准农田建设作出工作部署。2021年中央1号文件明确要求建设1亿亩旱涝保收、高产稳产高标准农田。农业农村部会同有关部门，指导和督促各地有效应对局部新冠肺炎疫情散发、旱涝灾害多发等不利因素影响，加强组织领导、拓宽资金渠

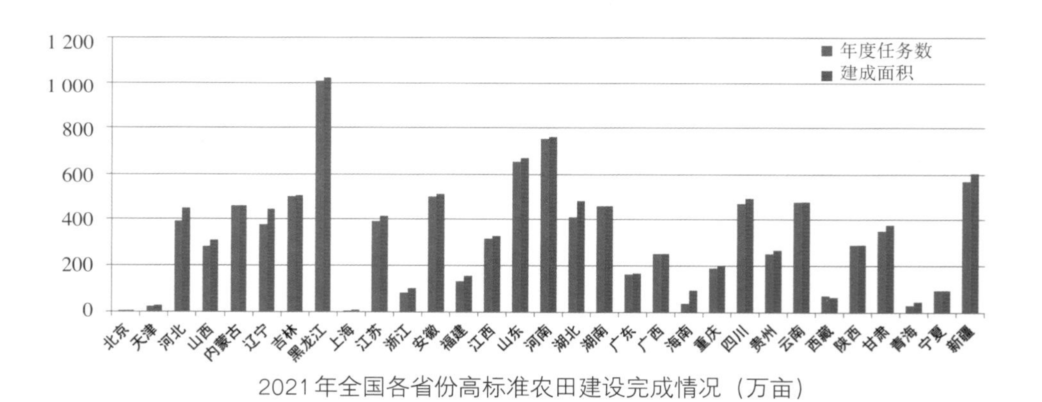

2021年全国各省份高标准农田建设完成情况（万亩）

2021年全国各省份高效节水灌溉建设完成情况（万亩）

道、提升建设质量、强化运行管护，抢抓农田建设黄金期，扎实推进高标准农田建设。据调度，2021年全国建成高标准农田约为10 551万亩，超额完成1亿亩建设任务，占年度目标任务量的105.5%；建成高效节水灌溉约为2 825万亩，占年度目标任务量的188.3%。

从粮食生产支撑情况看，重点支持粮食主产区农田基础设施建设，13个粮食主产省份建成高标准农田约7 002万亩，占66.4%。从区域发展支撑情况看，对欠发达地区给予倾斜支持，中西部地区共建成约8 013万亩，占75.9%。

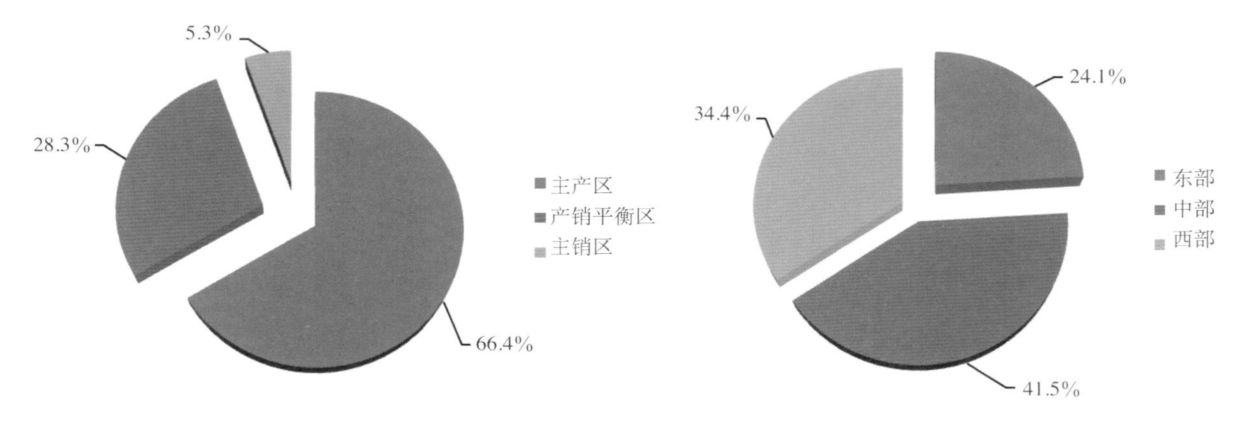

2021年建成高标准农田分布情况

扎实推进年度建设任务落实落地

2021年高标准农田建设任务从2020年的8 000万亩增长到1亿亩，任务量较上年增加25%，同时面临着任务落地完成难、资金投入压力大以及疫情灾情不利影响等严峻挑战，农业农村部会同有关部门深入实施藏粮于地、藏粮于技战略，紧紧抓住耕地这个要害，采取有力有效措施，推动各地坚决完成新建1亿亩的年度建设任务，实现“十四五”高标准农田建设起好步、开好局。

高位部署推动。积极抓好国务院批复的《全国高标准农田建设规划（2021—2030年）》实施，指导和监督各地加快构建四级规划体系，以规划为统领大力推进高标准农田建设。2021年春播、秋收前和冬闲时节，农业农村部分别组织召开全国高标准农田建设推进视频会、现场会，筹备以国务院名义召开全国冬春农田水利暨高标准农田建设电视电话会议，多次部署推动建设工作。

克服困难推进。为抢抓施工有利时机，加快年度建设任务完成，农业农村部提前分解下达2021年建设任务，督促各地按照农业农村部办公厅印发的《关于统筹做好疫情防控和高标准农田建设工作的通知》要求，统筹疫情防控、安全生产和防汛抗旱，及时将任务和资金下达到县级、落实到项目。

强化跟踪指导。完善农田建设项目调度要求，制定调度工作指南，按月调度、定期通报建设进度，组织专业人员赴阶段性进展偏慢的地区开展实地指导15省次，及时开展短信提醒、电话督促。对进展偏慢地区，分区分类、分项目进行督促指导，帮助协调解决面临的困难和问题，推动加快项目建设。

坚持量质并重。先后印发质量管理、竣工验收等办法，组织完成《高标准农田建设 通则》修订工作。通过深入实地专项指导、“四不两直”明察暗访、建设质量“回头看”等，督促指导各地紧盯设计、施工、监理、复核等关键环节，严把建设质量关，建立健全管护机制，切实做好已建成工程设施运行维护，确保发挥长期效益。

多种渠道强化农田建设资金保障

中央财政始终坚持把农田建设作为重点支持领域，资金逐年增长，为农田建设各项任务的顺利完成提供了有力资金保障。2021年，农业农村部配合财政部、国家发展和改革委员会等部门下达中央补助资金约1 008亿元，农田建设中央补助资金首次突破千亿元大关。同时，引导各地创新投入模式，拓宽资金渠道，用好新增耕地指标调剂和土地出让收益，将高标准农田建设纳入地方政府债支持范围，加大建设投入。2021年，江西、四川、浙江、上海等地高标准农田建设亩均投入达到3 000元以上；安徽、湖南、广东、北京、山东等地亩均投入达到2 000元以上。

加快因灾损毁农田基础设施修复

2021年我国区域性、阶段性旱涝灾害明显，极端天气气候事件偏多，防汛抗旱形势严峻。3月，农田建设管理司印发《关于做好2021年高标准农田防汛抗旱工作的通知》，要求各级农田建设管理部门加强与气象、水利、应急等部门的沟通会商，密切关注重大天气变化，提前制定预案，做好高标准农田各项防汛抗旱准备工作。各地迅速行动，组织汛前检查，强化对堤坝、灌溉渠系、机井等农田水利设施的日常检查，排查整改安全隐患，加强农田水利设施管护。进入汛期后，农田建设管理司及时开展农田损毁情况周调度，积极指导相关地区统筹年度建设资金，及时将符合条件的损毁农田纳入年度建设任务，加快组织修复，尽快恢复农业生产条件。11月，印发《农业农村部关于下达2022年农田建设任务的通知》，明确要求加快因灾损毁农田基础设施修复，对以往未立项建设的损毁农田修复要及时纳入年度高标准农田建设任务，优先组织实施项目，尽快恢复农田生产功能。

国家黑土地保护工程

我国东北是世界主要黑土区之一，是“黄金玉米带”“大豆之乡”。习近平总书记高度重视黑土地保护，2020年在吉林省考察时强调，要采取有效措施切实把黑土地这个“耕地中的大熊猫”保护好、利用好，使之永远造福人民。2020年底召开的中央经济工作会议和中央农村工作会议上，明确要求实施国家黑土地保护工程，把黑土地保护作为一件大事来抓，把黑土地用好养好。2021年中央1号文件对实施国家黑土地保护工程进行了明确部署。为贯彻落实习近平总书记重要指示精神和党中央、国务院决策部署，农业农村部会同有关单位，积极推进黑土地保护利用相关工作。

印发国家黑土地保护工程实施方案

2021年6月，经国务院同意，农业农村部、国家发展和改革委员会、财政部、水利部、科学技术部、中国科学院、国家林业和草原局共同印发《国家黑土地保护工程实施方案（2021—2025年）》（农建发〔2021〕3号，以下简称《方案》）。

明确保护目标。“十四五”时期，实施黑土耕地保护利用面积1亿亩（含标准化示范面积1 800万亩）。其中，建设高标准农田5 000万亩、治理侵蚀沟7 000条，实施免耕少耕秸秆覆盖还田、秸秆综合利用碎混翻压还田等保护性耕作5亿亩次（1亿亩耕地每年全覆盖重叠1次）、有机肥深翻还田1亿亩。到“十四五”末，黑土地保护区耕地质量明显提升，旱地耕作层达到30厘米、水田耕作层达到20～25厘米，土壤有机质含量平均提高10%以上，有效遏制黑土耕地“变薄、变瘦、变硬”退化趋势，防治水土流失，基本构建形成持续推进黑土地保护利用的长效机制。

实行分区治理。《方案》根据地形地貌、水热条件、种植制度、土壤退化突出问题等因素，将东北典型黑土区划分为三江平原区、大兴安岭东南麓区、松嫩平原区、长白山—辽东丘陵山区、辽河平原区等5个区，提出分区治理重点内容。要求各地在整体谋划的基础上分区推进黑土地保护治理，因地制宜突出保护治理重点，加强各项保护治理措施的叠加运用，切实提高分区综合治理成效。其中，松嫩平原北部（北纬45度以北）的中厚黑土区以保育培肥为主；松嫩平原南

（本书编写组供图）

部（北纬45度以南）、三江平原、辽河平原的浅薄黑土区以培育增肥为主；大兴安岭东南麓、长白山—辽东丘陵山区的水土流失区以固土保肥为主；三江平原和松嫩平原西部的障碍土壤区以改良培肥为主。

确定实施方式。按照“各炒一盘菜，共做一桌席”的思路，以高标准农田建设为平台，统筹实施大中型灌区改造、小流域综合治理、高标准农田建设、畜禽粪污资源化利用、秸秆综合利用还田、深松整地、绿色种养循环农业、保护性耕作、东北黑土地保护利用试点示范等政策，在东北四省（自治区）典型黑土区开展黑土耕地保护综合治理，形成政策合力。

召开全国黑土地保护现场会

2021年6月，在黑龙江省绥化市召开全国黑土地保护现场会，胡春华副总理出席会议并作重要讲话，就细化、实化、落实好《方案》进行动员部署。会议指出，“十四五”时期的黑土地保护工作，就是要不折不扣地落实好《方案》，确保提出的各项目标任务如期完成。当前，黑土地保护面临的形势十分严峻，黑土地土层明显变薄、肥力明显变瘦、质地明显变硬等退化问题严重。各地各级有关部门要切实树立起鲜明的抓落实工作导向，将各项目标任务进一步分解到市县、落到具体的田头地块，一年接着一年抓好落实，确保如期完成黑土地保护的各项目标任务。会议要求，一是多措并举推进黑土地保护治理，综合施策、系统治理，加强侵蚀沟治理，坚定不移开展好保护性耕作，切实抓好高标准农田建设和地力培肥。二是因地制宜分区域推进黑土地保护治理，根据不同区域特点探索有效的保护治理模式，精准施策，提高保护治理实效。三是以过硬举措保障黑土地保护治理任务落实落地，充分发挥科技支撑作用，强化工作统筹推动政策资金整合，严厉打击偷采盗挖黑土行为，让农民担负起保护黑土地责任，强化监测评价和监督考核，确保黑土地保护扎实有效推进、建一块成一块。唐仁健部长从不折不扣贯彻落实好会议精神、扎实推进国家黑土地保护工程实施、多措并举搞好项目资金统筹、建立健全黑土地保护利用工作机制等方面提出工作要求。会后，农业农村部以《关于贯彻落实东北黑土地保护利用现场会精神加快实施国家黑土地保护工程的通知》（农建发〔2021〕4号），印发胡春华副总理讲话和唐仁健部长工作要求。

完成黑土地保护年度任务

2021年共完成黑土耕地保护面积超过1亿亩。其中，建设高标准农田1 100多万亩（其中标准化示范285万亩）；东北四省（自治区）全年共治理侵蚀沟2 400多条；实施免耕少耕秸秆覆盖还田、秸秆碎混还田、秸秆翻埋还田等多种保护性耕作近1亿亩；结合东北黑土地保护利用、畜禽粪污资源化利用、绿色种养循环农业等项目，开展畜禽粪肥和农作物秸秆等有机肥还田2 000多万亩，黑土耕地基础设施不断完善，多种保护措施推广面积逐步增大。

探索统筹推进工作模式

农业农村部建立了黑土地保护部内协同工作推进机制，成立了部黑土地保护工程实施推进领导小组，部内有关司局及相关事业单位参与，统筹相关政策项目，协同推进黑土地保护任务落实。部门间合作更加紧密，农业农村部、水利部办公厅共同印发《关于在东北黑土区协同推进水利和农业有关项目建设的通知》，在东北四省（自治区）各选取3 ～ 5个县，试点将侵蚀沟治理、小流域综合治理、高标准农田建设、大中型灌区改造等项目协同规划、协同设计、协同建设、配套实施，进行综合治理。与中国科学院、东北四省（自治区）共同实施“黑土粮仓”科技会战，推动

（本书编写组供图）

科技创新助力黑土保护。组织相关专家根据东北黑土类型、水热条件、地形地貌、耕作模式等差异，总结形成了以秸秆有机肥混合深翻还田为关键技术的深耕培土“龙江模式”，以免耕少耕秸秆覆盖还田为关键技术的防风固土“梨树模式”，以秋季秸秆粉碎翻压还田、春季有机肥抛撒搅浆平地的水田“三江模式”等10种黑土地综合治理模式，制定《东北黑土地保护利用技术模式》等印发给地方，因地制宜推广。

耕地质量管理

习近平总书记强调“耕地红线不仅是数量上的，而且是质量上的”“突出抓好耕地保护和地力提升”“保耕地不仅要保数量，还要提质量”。农田建设管理司认真贯彻落实党中央、国务院关于藏粮于地、藏粮于技的决策部署，着力推进耕地质量保护与建设，取得积极进展。

牢牢守住18亿亩耕地红线

18亿亩耕地和15.5亿亩永久基本农田是国家粮食安全的生命线。我国对永久基本农田实施特殊保护，并落实最严格的耕地保护制度。农业农村部积极参与耕地数量管控与相关政策制定，取得积极成效。

参与《全国国土空间规划纲要（2021—2035年）》编制和“三区三线”划定工作。选择5个试点省开展永久基本农田、生态红线、城市开发边界试划，明确将耕地和永久基本农田划定放在首要位置。总结试划经验，推动形成全国范围内可操作、可复制、可推广的划定规则。

完善耕地保护和管制政策措施。自然资源部、农业农村部、国家林业和草原局联合印发《关于严格耕地用途管制有关问题的通知》，建立耕地年度“进出平衡”制度，改进和规范占补平衡，进一步细化耕地和永久基本农田用途管制等政策措施。

开展耕地质量检查考核。自然资源部、农业农村部、国家统计局联合印发《关于开展“十三五”时期省级政府耕地保护责任目标履行情况考核的通知》，细化耕地质量保护与提升、高标准农田建设等考核细则，组织各省份开展“十三五”期末考核。参与制定地方党政领导干部粮食安全责任制有关规定，细化耕地质量与保护相关内容，压实地方党委政府耕地保护责任。

配合查处违法违规破坏耕地行为。配合有关部门针对破坏黑土耕地、盗采黑土泥炭资源等问题，深入开展问题线索核查，督促地方开展整改；开展“大棚房”问题专项清理整治、农村乱占耕地建房专项整治。

谋划启动第三次全国土壤普查

为贯彻落实中央领导关于全国土壤普查工作的重要指示，农业农村部系统谋划启动第三次全国土壤普查，推动全面摸清耕地质量“家底”。

开展可行性研究。2021年上半年，围绕普查实施范围、重点内容、组织方式、技术路线、成果类型等，农田建设管理司先后组织有关科研教育、技术推广单位多次开展专题研讨，赴黑龙江、吉林、江苏、浙江等省实地调研。积极对接自然资源、生态环境等部门做好普查前期准备工作。系统梳理全国第二次土壤普查、测土配方施肥、农用地土壤污染详查、耕地质量等级评价工作情况，借鉴做法、总结经验，形成有关情况报告报国务院。

制定工作方案。在开展专题研究和实地调研基础上，农田建设管理司会同有关单位综合现代技术手段支撑、已有工作基础、土壤利用状况等，组织起草了第三次全国土壤普查工作方案，明确普查目的与思路、普查范围与任务、技术路线与方法、成果内容与形式、组织实施与保障措施等。9月下旬，中央领导听取农业农村部关于工作方案的汇报，提出修改意见。12月上旬，农业农村部常务会审议通过修改完善后的工作方案。

做好技术准备。农田建设管理司组织有关单位研究起草相关技术规范，确定土壤普查技术规范架构，即1个总体规程和9个专项规范（土壤类型名称校准与完善、底图制作与样点布设、外业调查与采样、内业测试化验、数据库建设、土壤制图、全程质量控制、土壤生物调查等）。

编制预算方案。积极沟通财政部，明确普查经费由中央财政和地方财政共同承担，在农业农村部部门预算中安排专项经费。编制形成《第三次全国土壤普查项目预算方案（2021—2025年）》。

（本书编写组供图）

推动开展盐碱地综合利用

2021年10月，习近平总书记在地处山东东营的黄河三角洲农业高新技术产业示范区考察调研时强调，开展盐碱地综合利用对保障国家粮食安全、端牢中国饭碗具有重要战略意义。2021年，农田建设管理司围绕盐碱地治理整体状况、技术发展、存在问题及政策建议等开展专题研究，形成针对性建议。印发《关于开展盐碱地资源有关情况调查的通知》，组织盐碱地可垦资源初步摸查，研究分析盐碱地开垦潜力。配合研究起草盐碱地综合利用示范工程实施方案、工作方案等，推进启动盐碱地治理综合利用示范工程。

加强退化耕地治理示范

2021年中央财政继续支持开展退化耕地治理试点项目。农业农村部办公厅印发《关于做好2021年退化耕地治理与耕地质量等级调查评价工作的通知》，指导地方重点突出示范区建设，因地制宜总结退化耕地综合防治技术模式，发挥试点项目的示范带动作用。继续安排中央资金在江苏等13个省（自治区、直辖市）土壤pH小于5.5的强酸性耕地上开展酸化土壤综合治理200万亩，集成示范施用石灰质物质等酸性土壤调理剂、种植绿肥还田、增施有机肥等治理措施。在河北等8省（自治区）开展轻、中度盐碱耕地综合治理试验80万亩，集成施用碱性土壤调理剂、耕作压盐、增施有机肥等治理措施。

开展耕地质量监测与评价

耕地质量监测，是一项基础性、公益性和长期性工作，也是《中华人民共和国农业法》和《中华人民共和国基本农田保护条例》赋予农业农村部门的重要职责之一。开展耕地质量监测，是贯彻落实《耕地质量调查监测与评价办法》的重要抓手，也是指导农业生产的重要基础和依据，对揭示耕地质量变化规律、切实保护耕地、促进农业可持续发展具有重要意义。农业农村部一直高度重视耕地质量监测工作，在经历起步探索、规范发展、完善提升、快速发展阶段后，逐步形成监测队伍基本稳定、监测网络逐渐壮大、监测工作更加规范、监测内容更加丰富的全国耕地质量长期定位监测体系，为建立耕地质量监测成果发布机制、指导全国耕地质量建设保护、支撑重大规划项目制定实施提供有力支撑。1984年以来，全国各级农业部门分层次建立了一批耕地质量长期定位监测点。截至2021年底，全国已布设近2.8万个四级监测点，其中国家级1 344个、省级及以下2.7万余个，共同构建起了国家、省、市、县级耕地质量监测网络，这些长期定位监测对于摸清我国耕地质量底数和变化趋势具有重要作用。结合东北黑土地保护、轮作休耕、退化耕地治理等项目，建设一批专项监测点，全面客观评价项目实施成效。在推进耕地质量长期定位常规监测同时，推进监测工作向信息化、数字化和规范化发展，鼓励有条件的地方逐步推行“三区四情”和天空地一体化监测，提高部分耕地质量指标监测的自动化、信息化水平。在广泛深入开展耕地

（本书编写组供图）

质量监测的基础上，积极开展耕地质量评价工作。2021年，中央财政继续安排资金开展耕地质量等级变更调查评价与补充耕地质量评价试点等工作。支持县域耕地质量等级调查评价数据更新。组织县级单位开展县域耕地质量等级调查评价数据库建设，更新县域耕地资源管理信息系统，开展耕地质量等级更新评价，制作评价成果图件。积极参与耕地占补平衡质量验收，严把补充耕地质量关。组织全国100个县级单位开展补充耕地质量评价试点工作，指导地方各级农业农村部门加强与自然资源部门对接，采取实地现场勘查、采集土壤样品、专家评议等措施，对补充耕地质量进行抽查评价，摸清试点地区占补平衡补充耕地质量情况，分析评价补充耕地质量等级、主要性状指标等，形成试点工作总结报告。

农田建设监督评价

习近平总书记强调，农田就是农田，而且必须是良田，要求坚决遏制耕地“非农化”、基本农田“非粮化”。农田建设管理司围绕建好、管好、用好农田，聚焦农田建设中项目管理、质量控制、建后管护等关键环节，扎实开展高标准农田建设评价激励、落实粮食安全省长责任制考核、全面排查高标准农田建设质量风险等工作。同时，切实夯实工作基础，制定完善高标准农田评价激励办法和竣工验收办法，着力建设并优化全国农田建设综合监测监管平台，建立全国首批评审评价专家库，并采用明察暗访、遥感监测、移动巡查App等工作手段，多措并举持续强化农田建设监督评价工作，取得良好成效。

扎实开展考核激励

创新开展高标准农田建设评价激励。按照《国务院办公厅关于对真抓实干成效明显地方进一步加大激励支持力度的通知》（国办发〔2018〕117号）、《农业农村部关于印发〈高标准农田建设评价激励实施办法（试行）〉的通知》（农建发〔2019〕1号）以及减轻基层工作负担等有关工作要求，合理确定考核依据，充分利用信息化监测监管平台，2021年1月，组织全国31个省（自治区、直辖市）对年度高标准农田建设进展和工作成效开展综合评价。在各地自评基础上，综合日常调度、实地核查、信息化监测等情况，结合上年度粮食安全省长责任制考核结果，形成了综合评价结果，实事求是、公平公正反映各地农田建设工作实绩。2月，将拟激励省份名单在农业农村部官网进行公示，接受社会等各方监督。4月，国务院办公厅印发《关于对2020年落实有关重大政策措施真抓实干成效明显地方予以督查激励的通报》（国办发〔2021〕17号），对2020年按时完成高标准农田建设任务且成效显著的黑龙江、安徽、河南、四川、甘肃五省予以督查激励，在分配2021年中央财政资金时予以倾斜支持，用于高标准农田建设。6月，农业农村部办公厅印发《关于2020年高标准农田建设综合评价结果的通报》（农办建〔2021〕3号），对2020年高标准农田建设综合评价排名靠前的10个省份予以表扬，对工作成效不够理想的3个省份予以通报批评。

完成农田建设粮食安全省长责任制考核。落实关于减轻基层负担的有关要求，统筹组织相关支撑单位开展高标准农田建设和耕地质量保护提升等两项考核工作，充分利用各地报送的评价激励材料，有效发挥全国农田建设综合监测监管平台对项目实施数据间逻辑关联的优势，减少对地方数据依赖，增强数据的客观性和准确性，较真碰硬开展考核，体现考核结果梯次性差异，公平公正客观反映各地工作实绩。

全国农田建设综合监测监管平台（本书编写组供图）

不断夯实工作基础

完善监督评价管理制度。2021年6月，国务院办公厅印发《关于新形势下进一步加强督查激励的通知》（国办发〔2021〕49号），对2018年实施的督查激励措施进一步调整完善，继续将高标准农田建设作为国务院督查激励措施，对高标准农田建设投入力度大、任务完成质量高、建后管护效果好的省（自治区、直辖市），在分配年度中央财政资金时予以激励支持。按照要求，农田建设管理司会同有关部门，梳理总结近3年高标准农田建设评价激励工作经验，广泛征求意见建议，进一步对高标准农田建设评价激励的实施方式、评价程序、指标体系等进行了优化完善。同时，研究制定《高标准农田建设项目竣工验收办法》（农建发〔2021〕5号），进一步规范高标准农田建设项目竣工验收的条件、程序、内容等，确保项目建设质量。

加快推进全国农田建设综合监测监管平台建设。适应数字化发展趋势，加快完善全国农田建设综合监测监管平台各功能模块，农田建设基本实现线上管理，数字化信息化管理水平明显提升。建成综合办公、制度标准培训模块，完善项目管理、耕地质量、统计调查等模块功能，新建项目信息综合查询功能，实现项目建设进展在线调度以及项目建设年度、投资、面积、阶段等关键字段的统计分析。截至目前，在线管理项目2万多个，在利用平台数据支撑决策等方面发挥了积极作用，运行效果总体良好。

初步建成全国农田建设“一张图”。融合全国土地利用现状调查数据、高分辨率遥感影像解译数据，将“十二五”清查评估的9万多个项目数据全部上图入库，基本摸清了已建成高标准农田的位置、分布、质量情况。组织各地对2019年和2020年建成的1.65亿亩高标准农田面积开展项目信息上图入库工作，并对空间重叠、地块利用等情况进行分析，推动实现全面上图入库。积极推进《国家黑土地保护工程实施方案（2021—2025年）》落实落地，组织开发国家黑土地保护工程实施面积上图入库与实施效果监测功能模块，统一将黑土地保护各类项目地块空间坐标、工作实施成效等数据上图入库，实现各项目实施效果“信息可寻”、实施面积“位置可看”、实施进度“动态可查”。

组建全国农田建设项目评审评价专家库。按照《农田建设项目管理办法》（农业农村部令2019年第4号）关于建立全国农田建设项目评审专家库的有关要求，进一步发挥外部资源和力量优势，强化农田建设项目评审评价“外脑”支撑，高质量推进农田建设监督评价工作，在充分参考有关部门建立专家库经验及地方实践的基础上，研究制定《全国农田建设项目评审评价专家库管理办法》，经各方推荐和申请，按规定和程序遴选了全国首批50多名专家，建立了全国农田建设项目评审评价专家库。

丰富创新工作手段

创新实施“四不两直”明察暗访。按照“早发现、早反应、早处理”的原则，依托全国农田建设综合监测监管平台项目数据信息，结合前期遥感监测成果，借助高标准农田核查App和无人机航拍，随机抽取重点县开展核实核查。赴黑龙江、安徽、山东、湖南、广西、贵州等省（自治区）开展“四不两直”明察暗访，直观获取项目建设的第一手资料，对项目区内田间道路、水利设施、电力配套等工程设施的建设质量、运行管护、农田利用及相关情况开展实地评估。对发现的农田建设项目问题，及时向各省（自治区）反馈有关情况，督促开展整改落实，进一步强化项目管理，确保建成的工程设施长期持续发挥效益。

研发完善移动巡查App。利用空间信息技术，基于高标准农田地块信息上图入库数据、高精度遥感信息、地理信息技术等，研发完成高标准农田建设项目移动巡查App，融合项目区空间定位、项目区现状实录、评估轨迹实时记录、离线数据隔离保密等功能，在已开展的“四不两直”明察暗访、实地评估中发挥了重要作用。

持续扩大农田建设遥感监测试点。积极推动发挥遥感监测技术优势，利用中高分辨率遥感影像，对河北、内蒙古、吉林、黑龙江等17个省份457个项目的建设进展、建后管护与利用等情况

来凤县高标准农田信息化管理
（湖北省恩施土家族苗族自治州
农业农村局提供）

无人机监测现场工作图（本书编写组供图）

开展抽查评价，扩大覆盖高标准农田面积至542万亩，探索开展河南省特大暴雨灾害造成农田设施损毁情况的灾毁情况监测。在多年遥感监测试点的基础上，组织研究起草农田建设遥感监测技术规范，进一步明确了农田建设遥感可监测内容和监测精度，规范了技术流程、监测方法、成果应用等，为大范围开展遥感监测提供技术指引。

农田建设国际合作交流

国务院办公厅印发《关于切实加强高标准农田建设提升国家粮食安全保障能力的意见》（国办发〔2019〕50号），要求创新投融资模式，加强国际合作与交流，探索利用国外贷款开展高标准农田建设。2021年，农田建设管理司带领各级项目办克服疫情影响，严格按照协议约定，齐心协力，各创其新、各尽其力、各担其责，严格工作程序、强化责任意识，脚踏实地、真抓实干，扎实推进农业综合开发国际合作项目（以下简称“国际合作项目”）建设，持续在农田建设、耕地质量保护提升、合作社发展和农业面源污染防治等方面开展创新探索，并积极谋划申请新项目，争取对国家战略新的支持。

加快完善监管方式方法

为创新监管方式方法，积极探索建立国际合作项目奖优罚劣激励新机制，督促各地加快落实项目计划，农业农村部办公厅印发实施《农业综合开发国际合作项目执行管理评价办法（试行）》（以下简称《评价办法》）。《评价办法》以完善政策体系为目标，以提高项目建设成效为核心，通过将实施内容指标化、制度规范统一化，分级压实各级项目办主体责任，针对目前项目实施中存在的困难和问题，提出可行性解决措施，不断激发各级管理人员干劲和活力，进一步提升管理工作能力和水平。

全力推进项目创新发展

为深入贯彻落实党中央、国务院重大决策部署的新要求，亚洲开发银行贷款农业综合开发长江绿色生态廊道项目（以下简称“亚行长江项目”）和国际农业发展基金贷款优势特色产业发展示范项目（以下简称“国际农发基金项目”）紧跟乡村振兴目标任务的新步伐，创新思路和方法，围绕农田建设中心任务，与时俱进创“特色”，持续在绿色农田建设、农业生态治理和扶持合作社、龙头企业发展等方面谋创新、谋发展。

亚行长江项目。项目继续在湖北、湖南、重庆、四川、贵州和云南6个省份47个县实施，全面推进基础设施建设、农业面源污染防治和机构能力建设，着力提高项目流域内农业生产系统的可持续性和现代化程度。**项目建设步伐不断加快**。综合利用亚行贷款11 701.06万美元、地方财政资金47 317.57万元、自筹资金3 597.44万元支持项目建设。2021年，各级项目管理办公室共签订合同245个，其中土建合同92个、货物合同46个、咨询服务合同107个。**现代农业基础设施条件明显改善**。通过大力开展基础设施建设，解决了制约项目区农业生产能力和基础设施服务水平的瓶颈问题，增强了农业发展潜力。2021年，建成渠道49.22千米、截排水沟75.53千米、沉砂池158座、附属构筑物80座、机电排灌站8座、蓄水池276座，维修山塘77口，铺设农村道路323.07千米，购置农业机械29套。**农业面源污染综合治理力度不断加大**。项目始终坚持将农业发展经济、社会、生态效益协同推进，通过开展培训、印发宣传册等方式，综合利用多种媒体平台，加强农业面源污染防治的科学普及和技术推广，增强农民绿色发展意识，积极引导农民参与环境治理。2021年，购置病虫害防治设备2 708台（套），开展测土配方施肥73.02公顷，推广有机肥105.38公顷，新建生态经济林1 943.38公顷，完成河堤生态护岸护坡工程19.19千米、坡改梯工程109.99公顷。**管理和技术培训不断强化**。为提升项目管理水平，提高管理人员和项目区农民素质，积极推广农业先进技术，分享传播项目典型做法和示范经验，2021年，共组织开展并指导地方完成国内培训92.53人月、技援咨询13人月、农民培训1 228人月。各级项目管理办公室受邀在各类会议、培训上进行汇报交流5次，发表文章5篇。多家媒体对项目建设成果进行宣传报道，其中传统媒体报道9次、新媒体（网页、公众号等）宣传25次。

截至2021年亚行长江项目已签合同情况

项目所在地	Ⅰ土建		Ⅱ货物		Ⅲ咨询服务	
	数量（个）	金额（万元）	数量（个）	金额（万元）	数量（个）	金额（万元）
合计	92	31 804.74	46	6 244.62	107	5 414.78
云南	57	20 144.96			2	10.72
贵州	17	1 422.44	6	449.09	7	2 300
四川	5	4 566.22	19	458.98	60	2 054.97
重庆	1	583.35	15	4 350.41	33	684.62
湖南	11	4 668.39	4	688.38	0	0
湖北	1	419.39	2	297.76	0	0
国家项目办					5	364.47

贵州省铜仁市德江县机耕道（贵州省农业农村厅提供）

国际农发基金项目。2021年四川、宁夏2个省份的10个项目县共完成资金投入19 180.04万元，其中国际农业发展基金贷款8 996.10万元、赠款28.44万元，地方财政资金10 103.56万元，受益人自筹51.95万元。公共基础设施和气候智慧型生产基地建设完成投入15 112.80万元，价值链建设完成投入3 168.48万元，项目管理完成投入898.77万元。**加强公共基础设施和气候智慧型生产基地建设**。新建砌护支渠17.15千米，修建支渠配套建筑物479座，修建斗农渠配套建筑物59座，治理支沟0.96千米，改建机电排灌站6.15座，土建30平方米，改建山坪塘（2 000立方米以上）5.65万立方米，铺设输水管网989.6立方米、输水管道32.39千米，架设输电线路2.5千米，修建混凝土路105.36千米、砂石路5.07千米，平整土地242公顷，深松土壤629.25公顷，坡改梯112.31公顷，测土配方施肥926公顷，增施有机肥3 074.88吨，建设生态林25公顷，采购病虫害综合防治设备176台（套），生物防治144公顷，新技术示范推广面积80公顷，新品种示范推广133.9公顷。

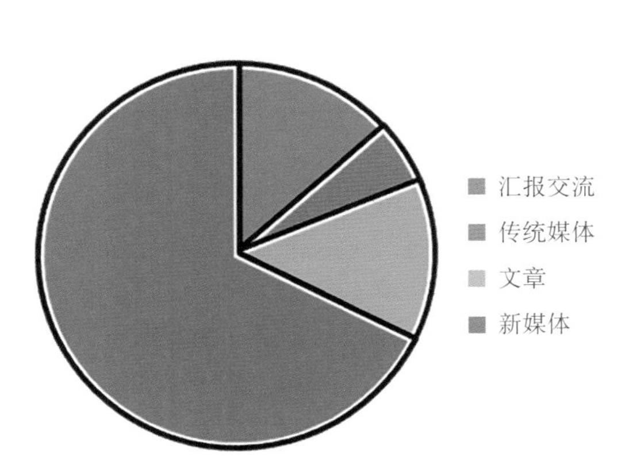

2021年亚行长江绿色生态廊道项目知识传播情况

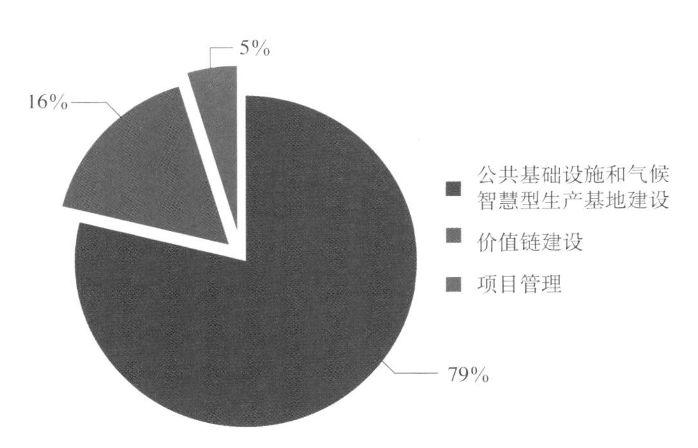

2021年农发基金项目建设内容完成资金投入情况

铺设滴灌系统管材（管件）214.16千米，安装5.16千米，控制面积38.1公顷，购置设备180台（套）。建设和改造温室大棚11.16万平方米，建设养殖基地圈舍41 830平方米、青贮池1 440立方米，购置设备91台（套）。**推动价值链建设**。为保证农业产业链各利益相关方价值的充分实现，构建价值链与产业链融合发展机制，2021年共完成农民培训395人月、合作社培训111人月、技术支持33人月，新扶持42个农民专业合作社发展并与其签订商业计划书实施协议。通过提供资金和专业技术支持，帮助小农户和合作社改善发展条件，推广先进发展理念和方式，提升合作社负责人业务能力和综合素质。指导农民专业合作社综合利用各类电商平台，创立自主品牌、创新产销模式，促进合作社高质量发展，14家合作社实现分红，占项目扶持合作社总数的25.45%。2021年，各项目县（区）受益总户数19 275户，受益总人数66 426人，其中女性28 163人，女性受益人数占受益总人数的42.40%。**顺利完成项目中期检查和调整工作**。按照财政部和国际农业发展基金项目管理要求，2021年农田建设管理司统筹安排，指导各级项目管理办公室科学测评、严谨规划，以项目总目标与总投资不变为原则，对因政策调整、成本上涨等原因造成的、确需调整的内容适度做出调整。中期检查期间，与国际农业发展基金专家检查团一起实地考察项目建设情况，与各级项目管理办公室充分交流，访问项目区农民群众，审查有关资料，对项目中期调整内容的必要性、合理性和可行性进行严格评估。按时完成中期调查报告、中期调整报告，谈判签署备忘录，为下一步项目顺利实施奠定基础。**加大知识管理工作力度**。及时做好项目材料收集记录与保存、典型案例发掘与整理、项目标牌标识设立和项目工作经验总结等工作，已发表近百篇相关报道、12篇文章。项目建设情况多次在农业农村部农田建设管理司子网站上刊登，为项目实施建设创造良好环境条件。项目阶段性成果宣传视频——“国际农业发展基金贷款优势特色产业发展示范项目成果初现”，在联合国驻华系统网站、农业农村部公共大屏幕、新华网客户端、人民三农网、今日头条与视频三农等网站进行了循环播放，扩大了社会和国际影响。

四川省宜宾市叙州区功益茶叶专业合作社2021年分红大会（四川省农业农村厅提供）

积极谋划拓宽合作领域

面对新形势和新要求，农田建设管理司主动作为、精心组织、细心谋划、统筹协调，持续加大与国家发展和改革委员会、财政部、国际金融组织的沟通协调，积极拓宽国际合作领域。

亚洲开发银行黄河流域绿色农田建设和农业高质量发展战略研究项目。项目利用亚行赠款30万美元，是农业农村部首个亚行知识合作技术援助“旗舰项目”。2021年，技援团队顺利召开项目启动会，组织相关人员前往青海、甘肃、宁夏、山西、陕西、河南和山东7个省份开展调研，围绕项目前期理论政策研究、内容设计、技术选择等方面开展相关研究和问卷调查工作，获得2 000多份调查问卷及大量研究基础数据。编写完成项目启动报告、阶段性报告和中期报告，为下一阶段贷款项目的实施提供理论参考和思路借鉴。

亚洲开发银行贷款黄河流域绿色农田建设和农业高质量发展项目。项目是农业农村部独立申报获批的首个中央财政统借统还项目，已获得国务院批准，被列入亚行备选项目规划，项目计划在沿黄7省（自治区）实施。2021年，农田建设管理司认真开展项目前期各项准备工作，可行性研究报告编制、项目县调研和前期技援工作有序推进。**编制项目可行性研究报告**。委托国际合作项目可研编制工作经验丰富的单位开展可研报告编制工作，多次组织亚洲开发银行、中国农业科学院农业资源与农业区划研究所、可研编制单位有关人员召开视频会议，对各省份可研报告编制工作作出详细部署。根据项目可研大纲，指导地方开展编写工作，按时完成可行性研究报告（初稿）并提交财政部预算评审。**开展重点项目县调研工作**。联合财政部国际财金合作司、亚洲开发银行北京代表处，组织中国农业科学院、农业农村部耕地质量监测保护中心、可研编制单位有关同志和专家，先后赴山东、河南、山西、陕西、宁夏和青海6个省份调研项目前期准备工作。召开前期准备工作视频会议，通过座谈会、视频会、实地考察等多种方式，听取建设规划，走访当

四川省绵阳市安州区坡改梯（四川省农业农村厅提供）

地农户、合作社和农业企业，了解拟建设地点情况，交流项目构想，对项目区选址、建设思路、工程措施、技术路线进行系统论证。开展前期技援工作。多次与亚洲开发银行官员、技援团队召开视频会议，充分利用科研院所和咨询服务机构专家团队力量，集思广益，为项目管理、制度完善、规划设计、监测评价等提供专业指导和技术服务。探讨贷款模式使用，论证项目整体研究框架，明确重点任务和具体分工，研究确定项目谈判时间表，推动项目前期准备工作有序开展。

全球环境基金长江流域农业废弃塑料处理项目。2021年，成功举办项目启动会，并完成项目县实地调研与方案设计工作。多次召开视频讨论会议，组织项目省按时完成相关数据收集工作，并汇总提交给项目专家。目前，项目已获得国家发展和改革委员会同意，正在等待全球环境基金首席执行官最终批准，即将进入全面实施阶段。

世界银行贷款稻田节水灌溉与绿色低碳发展项目。2021年，围绕“十四五”农业农村现代化目标任务，结合业务职能和世界银行目前比较关注的焦点问题，经与国家发展和改革委员会有关司局、财政部有关司局和世界银行协商，申请了世界银行贷款稻田节水灌溉与绿色低碳发展项目，计划在水稻主产区选择不同类型稻田，开展节水灌溉设施建设，推广先进灌溉方式，减少流域内稻田温室气体排放。

专 项 研 究

为认真贯彻落实党中央、国务院决策部署，推动农田建设高质量发展，迫切需要对高标准农田建设中的重大问题开展深入调查研究，提出针对性、创新性政策建议。农田建设管理司在2021年2月下发通知，动员全系统开展农田建设政策制度研究活动，围绕农田建设多元化投入、退化耕地治理、农田建设模式创新等主题，共同研究破解制约农田建设高质量发展的重大障碍和困难。部分研究成果主要内容摘要如下。

农田建设多元化投入机制

《湖南省农田建设多元化投入机制研究》。为探究农田建设缺乏有效的盈利模式、地方政府债务水平和财政支出压力逐年加大、社会资本投资建设兴趣不浓、金融机构投入承贷主体不多等影响农田建设多元投入的主要障碍因素形成原因，探索如何发挥财政资金的杠杆作用，鼓励信贷资金和社会资本参与农田建设投入的有效机制，湖南省农业农村厅联合湖南省农业经济和农业区域研究所对农田建设投资影响因素及社会资本投资意愿开展研究。通过分析，测算出理想模型、示范区建设两种高标准农田建设亩均投资标准，在深入研究衡阳县“财政资金+社会资本”、新田县“整合资金”、龙山县“财政资金+金融资本”等湖南省农田建设投入模式后，提出了出台支持农田建设相关配套政策、创新财政投入力度的稳定增长机制、创新建设模式引导社会资本投入、构建金融机构支持农田建设的合作机制等对策建议，解决当前农田建设投入不足与投入主体单一等影响农田建设标准的问题。

《四川省高标准农田建设多元化投资调研报告》。为深入了解四川高标准农田建设多元化投资现状，梳理四川高标准农田建设多元化投资推进过程中存在社会资本投入不足、现行投融资制度不够科学、项目建设进度与债券发行进度不匹配、涉农资金整合受政策影响较大等困难与瓶颈，四川省农业农村厅通过实地勘察、座谈交流、案卷研究等方式，提出完善顶层设计和投资政策保障、加大财政投入和差异化补助、强化涉农项目资金整合、吸引金融与社会资本参与、加强管理提升资金综合绩效等推进高标准农田建设多元化投资的对策建议。同时，制定进一步完善高标准农田建设多元化投资试点工作方案，为有序推进多元化投资试点工作提供借鉴和参考。

《福建省涉农新型经营主体参与高标准农田建设的调查与思考》。为研究涉农新型经营主体参与高标准农田建设情况，福建省农业农村厅研究分析了全省5 515个涉农新型农业经营主体，发现涉农新型经营主体在参与高标准农田建设过程中，面临土地流转不畅、项目选址受限、资金自筹困难等主要问题。同时，结合当前落实的创新理念打造亮点、政策扶持简化程序、多元筹资拓宽渠道等主要做法，福建省农业农村厅提出了增加立项政策弹性空间、创新信贷担保抵押方式、完善建管机制、试点数字化管理农田建设等对策建议，进一步推动涉农新型经营主体参与高标准农田建设。

高标准农田建设项目区（湖南省江华县农业农村局提供）

退化耕地治理模式与实施路径

《广东省土壤酸化耕地治理新模式与实施路径》。为缓解当地耕地酸化程度的上升趋势，改善土壤区域酸化现状，广东省农业农村厅提出了土壤酸化耕地治理“政策指引、资金保障、科技支撑”工作机制，展示土壤酸化耕地治理项目主要技术措施及实施效果，集成提炼出“绿色防控”“控酸培肥”“降酸改土”等3套可复制、可推广的土壤酸化耕地综合治理新模式及实施路径，提出制定土壤酸化耕地治理技术规范、加大土壤酸化科普力度、建立长期监测站等措施建议支撑下一步全面开展耕地土壤酸化治理工作。

《宁夏回族自治区退化耕地治理模式与实施路径课题调研报告》。为研究局部地区出现的耕地盐渍化、水土流失、贫瘠化、沙化等退化现象导致耕地质量下降的情况，宁夏回族自治区农业农村厅会同宁夏回族自治区农业综合开发中心针对不同区域耕地质量现状和不同类型耕地退化现状，将退化耕地划分为盐渍退化型、水土流失退化型、贫瘠退化型、沙化退化型4个主要类型及其他类型，并针对不同类型退化耕地治理模式及投资估算，提出了制定耕地质量建设中长期规划、加大金融投入和连续治理力度、推进退化耕地综合治理技术模式应用、加强耕地质量监测和成果运用等措施，为下一步开展耕地质量提升和退化耕地治理工作提供了科学依据。

《甘肃省盐碱耕地治理模式与实施路径》。为进一步研究盐碱耕地治理模式与实施路径，甘肃省耕地质量建设保护总站结合当地10万亩盐碱耕地治理示范经验，总结形成了农艺、工程、生物、化学等4大类13种综合治理模式，集成了培肥“控”盐、节水“阻”盐、灌水“降”盐等三大关键技术模式，分析了积极争取财政投资、融资贷款和其他社会资金投入等三项政策及资金投入来源，明确了组织管理、任务分解、资金整合、“产学研推”新型治理体系和绩效评价等行之有效的工作机制，为下一步加大资金投入、制定技术规程、加强耐盐碱作物和产品开发等提出思考和建议。

《陕西省发挥撂荒地潜力增加粮食播种面积的调研与思考》。为统筹利用撂荒地、挖掘粮食保供潜力提供思路，陕西省农业农村厅深入6市10县，总结出当地因务农效益低“不挣钱”、劳动力转移“没人种”、种植难度大“种粮难”、农业生产风险高“兜不住”等四大撂荒原因，存在治理难度大、排查治理不彻底、有重新撂荒可能等三大问题，提升难、流转难、执行难等三大治理难点。同时，结合部分地区探索出的强化政策扶持、加大金融社会资本投入、强化基础设施建设、转变经营方式、创新机制等先进经验，提出让重农抓粮者有钱赚、调整种植和产业结构、发展农业社会化服务、提高农田基础设施条件、推动农业集约化生产、强化科技创新支撑等措施建议推动撂荒地整治。

农田建设模式创新探索

《新中国耕地保护政策演进分析》。农田建设管理司从强化耕地保护的角度，围绕新中国农用地管理体制、新中国耕地保护政策演进等开展分析研究，以时间发展为研究主线，结合业务需要把相关政策演进、管理体制变迁的历史划分为萌芽期（1949—1977年）、探索期（1978—1985年）、构建期（1986—1997年）、形成期（1998—2003年）、完善期（2004—2012年）和强化期（2013年至今）六个阶段。研究发现，耕地保护政策实现了从政府意识到国家意志的转变，从单一治标向体系治本转变，从政府主体向多元共治转变，对耕地保护起到了重要作用。同时，提出了未来的耕地保护政策可在探索形成多元化耕地保护模式、建立差异化耕地占补平衡机制、构建耕地资源监测预警管理制度体系、探索设立耕地保护专项基金等方面进行优化。

《不同类型区绿色农田建设试点示范相关政策研究》。中国农业科学院农业资源与区划研究所认为绿色农田是生态基础优良、农田质量较高、产出能力较强、产品健康安全、产业形态多样、资源可持续利用和生物多样性保护较好的耕地。该研究在提出绿色农田概念的同时，进一步分类别分地区提出绿色农田资金需求和建设路径，建议创新绿色农田建设、用地、管护等政策。

《黄河流域绿色农田建设技术路线和支撑体系研究》。农业农村部耕地质量监测保护中心在研究中将农田基础设施建设与提升耕地内在质量相结合，配合黄河流域绿色农田建设和农业高质量发展亚行贷款项目实施，研究提出黄河流域绿色农田建设的技术路线、技术措施、运行机制、支撑体系，并对黄河流域绿色农田建设碳汇潜力进行了简要分析。

《高标准农田因洪灾损毁程度综合判定指标体系及对粮食生产的影响分析》。农业农村部耕地质量监测保护中心通过梳理近年来因灾损毁农田的典型特征，基于科学性、完整性、可行性、独立性、时效性、可检验性等原则，构建了包括地表覆盖、耕作层冲刷、灌溉与排水设施、田间道路、农田防护与生态环境保持工程、农田输配电工程、其他设施设备在内的7个一级指标和20个二级指标，形成高标准农田因洪灾损毁程度综合判定指标体系以及综合评价模型，计算研判高标准农田重、中、轻度灾毁程度。通过采用模拟数据和实际调研数据两方面进行运算分析，检验构建评价模型的科学性、可用性与区域可比性。作者还对高标准农田因洪灾损毁调度程序、对粮食生产的影响、修复标准等进行了系统研究。

《河南省农田水利设施排查整改经验与管护启示》。河南省农业农村厅总结出2021年全省农田水利设施排查整改六条经验：省委省政府牵头严格落实排查整改责任；通过财政列支、使用建设结余资金、整合涉农资金等途径协调整改资金；建立调度通报制度，省级工作专班分成6个指导组，根据工作进度分批分阶段到各地加强调度指导；开发“河南省农田水利设施信息系统”，分区域建立3个技术服务群，强化信息支撑；健全制度体系，省政府办公厅印发《关于加强农田水利设施管护工作的指导意见》，下发《河南省农田水利设施排查整改工作手册》，起草河南省新时期高标准农田建设标准。通过排查整改工作，查清了农田水利设施管护问题，提出了具体的对策建议。

《海南省高标准农田规划建设选址研究》。海南省农业农村厅把科学有效选址作为进一步推进高标准农田建设的重要环节，组织力量在第三次全国国土调查结果的基础上，结合海南省高标准基本农田数据、海南省总体规划优化数据、海南省第三次全国国土调查数据耕地数据、2015年国情普查坡度成果、2020年地理国情监测数据水面成果、海南省两区划定数据等资料，形成《海南省高标准农田规划建设选址研究》。该研究通过选址指标体系构建、选址研究、规划建设适宜区域分析等过程，充分利用GIS的空间分析能力，研究高标准农田项目的规划选址条件，分析海南省各市县规划高标准农田项目的适宜区域，并进行分等定级，为高标准农田建设提供科学依据。

高标准农田建设项目区（福建省宁化县农业农村局提供）

宣 传 培 训

编写农田建设发展报告

编写背景。2021年是中国共产党成立100周年，也是“十四五”规划开局之年。在这个特殊的时点，系统总结农田建设工作，编印《农田建设发展报告（2018—2020年）》意义重大。一是系统回顾农田建设的发展历程，忠实记录2018年机构改革以来新的管理格局下农田建设工作做法、成效等客观情况，有利于把握党中央、国务院在各时期的“三农”决策部署，并留下珍贵的史料。二是通过梳理总结相关工作举措和成效，提炼交流各地好的经验做法，为各级农业农村部门同志更好地完成新阶段农田建设新任务，提供全面、权威、实用的参考信息和资料，有利于推动农田建设工作再上新台阶。三是方便各类社会主体了解、指导和监督农田建设工作，有利于营造良好社会氛围。

高标准农田建设项目区（福建省宁化县农业农村局提供）

编写原则。一是客观准确，点面结合。高度重视数据、事例的收集和汇总工作，确保数据资料真实可靠，并严格遵守保密有关规定。既有面上概况展现农田建设成效，也有点上经验增加直观印象。二是立足当前，面向未来。立足农业和农村经济发展全局，既系统记述农田建设工作历史沿革，反映农田建设与“三农”工作的有机联系；又面向农田建设项目管理新格局，客观体现农田建设工作的地位和作用。三是质量优先，保障进度。坚持质量与速度并重，强化督促引导，压实各方责任，优化编写程序，提升成稿速度，确保编写工作保质保量按期完成。四是深浅适度，扩大影响。增强内容的科学性和可读性，既能确保行家里手日常查阅便捷准确，也能帮助行业新兵快速熟悉农田建设业务，同时便于社会公众了解农田建设概貌，形成推进农田建设的合力。

主要内容。《农田建设发展报告（2018—2020年）》摘录了2018年以来中央领导对农田建设工作的重要指示批示，系统梳理了农田建设发展历程，切实分析了机构改革后农田建设面临的新形势和新要求，详细介绍了我国农田建设发展情况、重点工作和取得的成效。发展报告总体上分为“习近平总书记重要指示”“综合篇”“地方篇”和“大事记”等四部分。其中“地方篇”的文章是向地方公开征稿，从近百篇地方投稿中遴选出来的优秀原创稿件，反映了各地贯彻落实党中央、国务院关于农田建设工作的重大决策部署，在深化改革、创新机制、加强管理等方面进行的积极探索和积累的宝贵经验。

出版发行。2021年10月，由农田建设管理司编写的《农田建设发展报告（2018—2020年）》出版发行。农业农村部张桃林副部长任农田建设发展报告编辑委员会主任。中国农业出版社承担出版发行工作。

开展农田建设宣传报道

围绕耕地保护建设中心工作，积极推进线上线下融合宣传，不断提高耕地保护建设工作影响力，为农田建设事业发展营造良好舆论氛围。

一是编发信息简报。围绕中心工作先后刊发了2021年全国超额完成1亿亩高标准农田建设任务、东北盐碱地有关情况分析等重点选题信息，充分反映耕地保护建设成效，深度剖析问题原因，提出有关政策建议，为党中央国务院、农业农村部党组决策提供参考，为各地推进农田建设工作提供借鉴。及时交流各地好的经验做法，全年累计编发农田建设简报21期，共计刊发文章、信息70余篇、13万多字。

二是巩固宣传主阵地。用好中央广播电视总台、人民日报、光明日报、经济日报、农民日报等主流媒体宣传阵地，中央广播电视总台“新闻联播”先后以《夯实粮食生产基础加快推进农业现代化》《又是一年丰收时》等为题多次开展宣传报道，《人民日报》先后刊发《十四五，我们这样开局起步：高标准农田建设量质齐增》《全面压实耕地保护责任》等专题文章。全年在主流媒体新闻播报100多次，报道300多篇，全方位、多视角广泛宣传高标准农田建设、东北黑土地保护利用、退化耕地治理、农业综合开发等成效，唱响耕地保护建设好声音。

三是拓宽宣传渠道。加强农田建设管理司子网站维护，在农业农村部门户网站创建耕地保护建设专题网页，严把制度关、政策关、内容关，及时发布耕地保护建设各类政策、工作动态信息、地方经验做法等。与农民日报、农村工作通讯、中国农业综合开发等行业报刊合作，围绕高标准农田建设、黑土地保护利用策划了一系列重大选题，组织专家解读、深度报道、蹲点调研，推广各地典型经验做法，营造了良好的舆论氛围。组织开展“建设高标农田端牢中国饭碗”新媒体直播活动，全网300多家新媒体转播转载。探索开展更多“沾泥土、带露珠”的宣传报道，多维度展示农田建设成效。

高标准农田建设项目区（河北省承德市滦平县农业农村局提供）

组织农田建设队伍培训

农田建设政策制度培训。一是举办全国农田建设制度培训班。2021年10月18—21日，农田建设管理司委托农业农村部管理干部学院，在广西壮族自治区南宁市举办了全国农田建设制度培训班，180位来自全国各级各地农田建设相关负责同志参训。培训班解读了农田建设最新政策制度，组织了在线研讨和典型经验交流，并赴南宁市宾阳县高标准农田项目区开展现场教学，系统了解了当地在高标准农田建设过程中的理念更新、机制构建、模式选择、政策配套等经验和亮点。二是印发农田建设培训资料。农田建设管理司组织专人汇总梳理了当前农田建设相关法律法规、政策文件、规划方案、规章制度、技术标准等内容，编印成册，作为培训资料发放全体参训人员参考学习。

高标准农田建设相关培训。一是举办全国高标准农田建设培训班。2021年4月26—28日，农田建设管理司在山东省日照市举办了全国高标准农田建设培训班，70位来自各级各地承担农田建设管理工作的相关负责同志参训。培训班以高标准农田建设质量管理、进展情况线上调度等制度背景、政策要领、实现路径为重点内容，邀请了部属相关事业单位和相关行业专家，对耕地质量评定和粮食产能测算方法、高效节水灌溉工程技术应用等内容进行了专题讲解。二是召开高标准农田建设座谈会。4月28日，农田建设管理司在山东省日照市召开了高标准建设座谈会，16位省级承担农田建设管理工作的主要负责同志参会。座谈会围绕高标准农田建设和高效节水灌溉建设进展、高标准农田建设新增耕地、建立健全多元化筹资机制等开展了研讨交流。三是举办高标准农田建设技术培训班。7月28—30日，农业农村部耕地质量监测保护中心在湖北省荆州市举办了高标准农田建设技术培训班，280位来自15个省高标准农田建设一线的项目管理、技术支撑和工程设计、施工、监理、咨询等单位的人员参训。培训班邀请部属相关事业单位和从事耕地监测保护、高标准农田建设的“农科教推企”一线专家学者，解读了高标准农田建设政策措施、规章制度、规范标准，讲解了高标准农田建设模式、节水农业与高效节水灌溉集成技术和高标准农田建设新材料、新产品、新技术、新装备，并赴荆州市荆州区、江陵县绿色农田项目区观摩考察、现场教学。

监督评价相关培训。2021年4月21—22日，农田建设管理司在四川省成都市举办了全国高标准农田建设监督评价培训班，100位来自全国各级各地承担高标准农田建设监督评价工作的相关负责同志、技术支撑单位人员及部属相关事业单位同志参训。培训班总结了2020年高标准农田建设监督评价工作，分析了当前面临的新形势新要求，部署了高标准农田建设质量管理、清查评估

高标准农田建设项目区（江苏省灌云县农业农村局提供）

和上图入库等工作，开展了全国农田建设综合监测监管平台数据填报、全国农田建设“一张图”系统建设、利用数字技术监测监管、移动巡查App应用等技术培训，并赴成都市邛崃市、大邑区围绕高标准农田建设、管护利用和信息化建设等现场教学。

耕地质量相关培训。一是举办耕地质量保护与建设培训班暨全国退化耕地治理综合技术示范推广现场会。2021年4月28—30日，农田建设管理司会同农业农村部耕地质量监测保护中心，在湖北省黄冈市举办了耕地质量保护与建设培训班暨全国退化耕地治理综合技术示范推广现场会，70位来自全国各级各地农田建设及农技推广部门相关负责同志参训。吉林、江苏、河南、湖北和重庆等5省（直辖市）就耕地质量保护与提升有关经验做法在培训班上作了典型交流，中国农业科学院、部属相关事业单位专家就酸化耕地治理和耕地质量监测评价作了专题报告，参训人员就当前耕地质量保护和建设面临的形势与挑战、存在的问题与困难以及下一步工作等开展了深入研究和讨论。二是举办耕地质量检测能力验证培训班。7月28—30日，农业农村部耕地质量监测保护中心在黑龙江省哈尔滨市举办了耕地质量检测能力验证培训班，150位来自全国耕保（土肥、耕肥、耕环、农技）站（总站、中心）及从事耕地质量检测的相关质检机构的相关人员参训。培训班采取专题讲座、模拟演练、现场实操相结合的培训模式，搭建了从事耕地质量检测的人员与专家之间的交流平台。

农业综合开发国际合作项目培训。2021年9月13—16日，农田建设管理司委托农业农村部管理干部学院，在四川省宜宾市举办国际农业发展基金贷款优势特色产业发展示范项目合作社能力建设培训班，100位来自四川省、宁夏回族自治区的项目管理人员与项目区扶持或拟扶持的合作社带头人参训。培训班邀请相关专家从政策解读、质量认证、品牌营销、财务规范、项目管理等五个方面进行专题讲解，通过结构化研讨引导参训人员结合日常工作掌握核心问题、讨论解决方法，并赴现场交流学习当地合作社因地制宜发展产业、文化传承农旅结合等发展经验。

地　方　篇

2021年中央1号文件明确要求建设1亿亩旱涝保收、高产稳产高标准农田。在各地各级农田建设管理部门的共同努力下，2021年全国建成高标准农田约为10 551万亩，占年度目标任务量的105.5%；建成高效节水灌溉面积约为2 825万亩，占年度目标任务量的188.3%。为系统总结反映2021年地方攻坚克难超额完成年度建设任务的实践情况，本篇择优选登部分地方稿件，集中反映各地2021年农田建设发展和耕地质量建设保护相关工作情况，供其他地方了解借鉴。

部分省份工作纪实

河北省：

强化六项举措　切实加强高标准农田建设

建设高标准农田，是巩固和提高粮食生产能力、保障国家粮食安全的关键举措。河北作为全国13个粮食主产区之一，多年来坚持以提高粮食生产能力为己任，大力推进高标准农田建设。2021年，全省安排新建高标准农田400万亩，统筹发展高效节水灌溉160万亩，分别超出国家下达河北任务数的2.6%和33.3%，加快补齐项目区农业基础设施短板，切实发挥高标准农田建设在粮食生产中的“压舱石”作用。

一、强化项目管理

针对高标准农田工程建设内容多、关联性强、资金量大的实际，河北省进一步创新管理模式，通过开展高标准农田建设“质量年”活动，大力推动高标准农田建设“提速、提标、提质”。**一是优化项目管理流程**。着力打通项目建设过程中“梗、阻、塞”环节，加快高标准农田项目建设进度和支出进度。市县切实加强项目库建设、做好项目储备，省市级农业农村部门对项目计划实行“随报随批”，最大限度缩短项目前期申报审批时间；县级农业农村部门充分利用春季和秋季两个施工期，倒排工期，挂图作战，加快项目建设进度，并协调财政部门根据工程建设进度，及时拨付资金，确保支出进度达到中央直达资金支出要求。**二是规范工程招标投标**。要求各县根据工程建设内容和区域集中程度等因素合理划分工程标段，防止过多过散，严禁将同一村单项工程划分多个标段。县级农业农村部门在编制项目初步设计时要明确划分施工工程标段，市级农业农村部门在对项目初步设计评审时要对工程标段划分的科学性、合理性进行评审并提出意见。严格审查从业机构资质，提高勘察、设计、招标代理机构、施工和监理等相关单位技术力量和资质等级。**三是严格项目竣工验收**。加强专业工种、工序及隐蔽工程施工管理，未经验收或质量检验评定的，不得进入下个工种或工序。项目全部竣工后，县级农业农村部门要会同相关部门及设计单位、施工单位、监理单位、受益村集体等进行初步验收，对照年初批复的绩效指标和目标，核实建设内容、数量、质量；市级农业农村部门组织专家或具有资质的第三方机构，按照批准的初步设计进行全面验收；省级农业农村部门加大抽检频次和覆盖面，每年至少组织2次质量督导，并对当年竣工验收项目的抽查比例不低于10%，确保已建工程质量过硬，经得起检验。

二、强化资金筹措

高标准农田建设，资金投入是保障。积极发挥财政资金的引导撬动作用，吸引社会和金融资本投入，形成了多元化、多层次、多渠道的投入机制，放大财政资金支农效应。**一是加大财政投入力度**。在中央农田建设资金支持基础上，切实担负起粮食安全主体责任，由省级承担地方财政资金主要支出责任，鼓励市县根据高标准农田建设任务、标准和成本变化，通过统筹整合一般公共预算、政府性基金预算中的土地出让收入等渠道的财政资金，合理保障资金投入，支持高标准农田建设，建立了相对稳定的农田建设补助资金来源。2021年，河北共落实地方财政投入130 173万元，占中央财政资金的33.6%，包括省本级财政投入110 713万元、市县财政投入19 460万元。**二是引导社会资本投入**。发挥财政资金的杠杆作用，支持各地采取以奖代补、先建后补、政府和社会资本合作、贷款贴息等方式，引导承包经营高标准农田的个人和农业生产经营组织筹资投劳，建设和管护高标准农田。2021年，共落实涉农企业、合作社、群众自筹资金2 820.6万元。同时，积极对接省供销社，支持省供销社依托社有企业，利用自有资本及金融资本，通过先建后补模式

宁晋县大型收割机在高标准农田进行机收作业（河北省农业农村厅提供）

开展高标准农田建设，在财政资金投入基础上，适当增加投资，提高建设标准，并对建成的高标准农田进行管护，开展土地托管等社会化服务，延长农业产业链条。

三、强化高效节水

立足河北粮食生产大省和地下水超采严重的实际，统筹稳粮节水任务，将实施高效节水灌溉设施作为高标准农田建设的重要内容。**一是拓宽灌溉水源**。山区、丘陵区重点兴建拦、蓄、引等工程，因地制宜建设小型水源工程，通过新建河坝、坑塘等拦蓄地表水，开挖水窖、修筑集雨池等蓄积自然降水。黑龙港地区、山前平原区和坝上地区，与地下水超采综合治理、地表水源置换、农业水价综合改革等紧密结合，增加水源渠道，扩大地表水灌溉面积。**二是强化工程节水**。在利用地表水的地方，配套建设和改造输配水管（渠）和排水沟（管）、泵站及渠系建筑物，完善农田灌溉排水设施建设；在利用地下水的地方，全部采用地下管道输水，大力发展淋灌、喷灌、膜下滴灌、小管出流等节水技术，全部配套用水计量设施。在张家口坝上地区，推进滴灌替代喷灌、智能滴灌替代普通滴灌“双替代”工程，全面提高农业灌溉用水效率和水资源利用率。沧州市南皮县在确保高标准农田项目区节水措施全覆盖基础上，在土地流转托管区域推广“高效节水+水肥一体化”技术：安装建设大型喷灌机3 000亩，亩节水量80立方米，年节水23.2万立方米；推广智能节水渗灌技术，渗灌区亩节水量120立方米、节电70%、节约土地10%、节省人工70%、节省肥料40%、节省农药30%，同时还能达到土壤不板结、提高农作物品质、增加农作物产量10%以上的效果。

四、强化建后管护

将高标准农田项目建后管护放到与建设同等重要位置，按照“谁受益谁管护、谁使用谁管护”原则，明确工程设施的所有权、使用权，全面推广村组集体共管、委托新型经营主体托管、通过保险企业承保管护等三种模式，确保建成的高标准农田长久发挥作用。**一是实行村组集体共管**。移交给乡（镇）或村的工程，明确县、乡、村、组四级高标准农田管护责任人，每千亩设一名“田保姆”，实行集中统一管理。各县（市、区）在省级农田水利维修保养资金基础上，将高标准农田管护经费列入当年财政预算，由县农业农村部门统筹管理使用。**二是委托新型经营主体托管**。移交给新型经营主体的工程，由其自行落实管护经费。引导省供销合作社，探索通过“投建管服一体化”模式做好管护工作。省供销社将在其组织实施的高标准农田项目区因地制宜开展土地托管，为工程后期管护提供保障。**三是通过保险企业承保管护**。鼓励保险企业设立高标准农田工程质量潜在缺陷保险，引导受益主体积极参保，由保险企业承担工程损坏风险，提供维修服务。已在石家庄市藁城区、辛集市开展保险试点建设。2022年，将进一步扩大试点范围，在石家庄市藁城区、井陉县、平山县，邢台市信都区、宁晋县和涉县等6个县区推广。

宁晋县垄上行现代农业服务公司在高标准农田项目区喷洒农药（河北省农业农村厅提供）

五、强化规划引领

根据《全国高标准农田建设规划（2021—2030年）》、河北省“十四五”规划纲要等要求，在充分对接乡村振兴、国土空间、水资源保护、地下水超采综合治理等规划基础上，河北于2021年10月在全国率先制发了《河北省高标准农田建设规划（2021—2030年）》，总结了近年来全省高标准农田建设成效，分析了全省高标准农田建设面临的形势，提出今后一个时期全省高标准农田建设的总体思路、建设内容、空间布局和建设任务、重点工程、建设监管和后续管护、水资源与环境分析、效益分析、保障措施等，为市县开展高标准农田建设工作提供依据和指导。**市级建设规划**要对照全省规划空间布局分区，综合考虑本地耕地资源、水资源、永久基本农田面积、“两区”面积、粮食产能保障等因素，进一步优化建设布局，将新建和改造提升任务分解到所辖县（市、区），明确重点项目、资金安排、建管模式等内容。**县级建设规划**要根据区域水土资源条件，按流域或连片区域规划项目，将建设任务落实到地块，形成项目库和布局图，明确任务书、时间表、路线图。新增建设项目的区域应相对集中，土壤适合农作物生长，无潜在土壤污染和地质灾害；改造提升项目应优先选择建成年份较早、投入较低的区域，按照“缺什么、补什么”的原则规划设计。

六、强化组织领导

严格落实高标准农田建设“中央统筹、省负总责、市县抓落实、群众参与”的工作机制，切

宁晋县无人机在高标准农田喷洒药物（河北省农业农村厅提供）

实将高标准农田建设各项工作任务落到实处。**一是纳入“一把手”工程**。要求市、县政府主要负责同志每年至少专题研究一次高标准农田建设工作，亲自部署、亲自推动，一级抓一级、层层抓落实。**二是建立督导调度机制**。省市农业农村部门通过抽查、专项检查、重点督办等方式加强对项目县工程建设质量和进度的监督，并按月统计项目建设和资金支出进度，适时通报。**三是建立完善监督考核机制**。充分利用粮食安全责任制考核、耕地保护考核、乡村振兴实绩考核中高标准农田建设指标的导向作用，对按时完成任务、落实地方支出责任、工作成效突出的项目市县，省级在分配年度农田建设资金时予以倾斜支持；对项目建设缓慢或未完成任务的市县，约谈市县政府分管负责同志。

（河北省农业农村厅农田建设管理处供稿）

内蒙古自治区：

做实做细八项举措　开创农田建设新局面

2021年，内蒙古自治区深入贯彻藏粮于地、藏粮于技战略，创新机制，加强管理，着力做实做细八项举措，全年建成高标准农田460万亩，新增高效节水灌溉面积279万亩。全区高标准农田达到4 589万亩，其中高效节水灌溉面积达到3 105万亩。取得了用占耕地面积近1/4的高标准农田，支撑全区2/3以上粮食产能的工作成效，为保障国家粮食安全作出积极贡献。

一、用“严要求”落实“硬任务”

严格落实粮食安全党政同责，始终把高标准农田建设作为保障粮食安全的重点工作强力推进，成立（各级）政府主要领导任组长的高标准农田建设领导小组，统筹协调各部门合力推动农田建设。连续4年将高标准农田建设工作写入政府工作报告，纳入政府重大项目挂图督办。自治区农牧厅切实承担主体责任，建立“五步闭环”管理体系。第一步周密计划，编制印发农田建设项目流程图，每个环节明确工作事项、责任部门和完成时限；第二步精准调度，实行“日调度、周报告、月通报”制度，以自治区党委农牧办和政府督查室名义通报到盟市政府；第三步实地指导，形成“自治区定期指导，盟市巡回检查，旗县驻点服务”的工作管理机制；第四步督查整改，会同纪委监委和财政、发改等部门开展督查，建立问题台账，通报典型情况，按期整改销号；第五步约谈督办，按照“抓节点、推重点、查缺点、树亮点”的四点工作法，以重要节点为考核点，通报排序，末位约谈，取得了鼓励先进、鞭策后进的效果，连续三年超额完成国家下达的建设任务。

巴彦淖尔市临河区乌兰图克镇项目区（内蒙古自治区农牧厅提供）

二、用“强党建”助力“建良田”

以“党史学习教育”为契机，创新推行因岗用人知责、清单管理明责、融合用力践责、党员评议述责、紧盯绩效评责“五责联动”，党建与业务、党员与岗位“双融合”。结合农田建设工作，组织“学习红色经典、践行绿色发展”“学党史、建粮田、办实事、庆百年”“建旱作良田、富百姓家园”“改盐整地建良田、稳粮增产保安全”等主题鲜明、富有内涵的融合主题党日活动11次，激发农田建设管理动力。深化“四级联创”助农服务绿色数字农田试点工作，与杭锦后旗联增村党支部结对共建绿色农田，打造生态乡村。在全区农田系统推行农田建设廉政管理“十不准十严禁”内控制度，不断加强常态化廉政教育。探索“355”学做结合服务模式，以“三要求”夯实基础推动系统性学习，以“五感悟”强化管理铸牢廉洁性建设，以“五争做”创建标杆打造实干型团队，振奋农田建设干劲。

三、用“大格局”打造“新面貌”

衔接国家总体规划，立足“两个屏障”和粮食安全，编制印发《内蒙古自治区高标准农田建设规划（2021—2030年）》。坚持生态优先绿色发展理念，主动融入黄河流域、一湖两海、察汗淖尔等重点区域生态保护和综合治理，坚持用“大破大立”替代“小打小闹”，因地制宜实行“三打破、五统一、一重新”“十个集中”“整片、整村、整乡推进”等治理模式，彻底改变项目区耕地散、乱、小等问题，实现“田、土、水、路、林、电、技、管”综合配套，平均增地10%、增粮90千克、节水64%、节电30%、减肥25%、减药40%、省工3个、节约成本450元、亩均增收140元以上、项目区人均增收977元。同时，利用新增耕地把林区、草原已开垦的耕地置换出来，在确保基本农田面积不减少、粮食产能稳定增加的情况下，让生态环境得到修复，实现了经济、社会、生态效益多赢。

四、用“土政策”解决“老问题”

针对建设资金投入不足问题，组织30多名专家历时半年，编制了全区7个农业分区、6类灌溉方式、14种建设模式的典型设计，确立不同地区、不同类型项目建设内容，测算亩均投资标准，2022年筹措地方财政资金8亿元，将亩均投资标准提高到水浇地1 800元、旱地1 300元，有效保障项目建设标准稳步提升。针对资金支付不及时问题，协调自治区纪委监委先期介入，解决个别地区以财政投资评审截留资金和以实物资产抵顶工程款等问题。设立高标准农田建设专用资金账户，旗县财政部门通过专用资金账户直接清算高标准农田建设资金，确保及时拨付、独立核算、专款专用。针对金融资本参与度低的问题，与中国银行内蒙古分行签订战略合作协议，为参建企业提供快捷办理投标保函、专项授信资金、开通快速审核通道、执行优惠利率、提供账户增值服务等多项优惠政策。同时与12家保险公司开展高标准农田建设综合保障保险试点探索，已在多个盟市完成签单；针对盟市旗县配套资金筹措困难问题，自治区本级财政承担70%的地方财政支出责任，并安排专门经费下达盟市，用于开展高标准农田项目评审和竣工验收，有效加强了项目监督管理。

五、用“小方子”化解“大矛盾”

在统一制度政策基础上，以问题导向因地制宜开“小方子”，取得了很好的效果。用“三条红线”化解产粮缺水矛盾，制定“不新打机电井、不新增灌溉面积、不新增灌溉用水量”三条红线，井灌区全面推广浅埋滴灌、膜下滴灌，地表水灌区对渠道裁弯取直、衬砌硬化，探索实施澄清滴灌，旱作区大力发展集雨补灌，形成“限制使用地下水、高效使用地表水、集蓄利用天上水”的节水模式。用“四会两确认”化解工程占地矛盾，充分尊重项目区农民意愿，组织项目区农民召开选项意愿调查会、已建项目观摩会、政策指标告知会、设计方案讨论会，批复前和开工前两次沟通确认设计初步文件，使农民群众真正成为项目实施的支持者、参与者、受益者。此外，积极采用使用线上评审、“EPC”承包、先建后补等不同管理、建设模式，有效解决了不同地区、不同时段、不同类型的工作矛盾。

巴彦淖尔市杭锦后旗头道桥镇项目区（内蒙古自治区农牧厅提供）

六、用“新思路”开拓“新粮仓”

立足内蒙古旱地和盐碱地面积大的实际，在确保“良田粮用”基础上，努力开拓新粮仓。2021年，在基础条件较好的旱田探索实施107万亩旱作高标准农田建设，通过坡耕地改造、集雨补灌、土壤改良等措施，实现粮食生产能力、防灾抗灾能力、机械化耕作水平全面提高，正常年景条件下亩均增产10%以上。从2020年开始，共安排自治区本级资金3.68亿元，在三大灌区的6个旗县区开展盐碱化耕地改良试点工作，采取增施有机肥、秸秆还田、深耕深松、深松粉垄、施用改良剂等改良措施，应用暗管排盐、上膜下秸等技术模式，形成了可借鉴、可示范、可推广、可复制的盐碱地改良工程和技术体系，为实施盐碱地综合利用行动、开拓自治区新粮仓、保障国家粮食安全奠定基础。

七、用“紧箍咒”管住“孙猴子”

农田建设基层技术人员和项目参建单位是推动项目建成建好的骨干力量，围绕保障在“有所不为”的前提下实现“大有作为”，内蒙古坚持用三套体系为“孙猴子”戴上“紧箍咒”。一是完善管理制度体系，编制印发高标准农田建设和东北黑土地保护利用两项规划，配套制定了14项管理制度和技术规范，囊括项目实施各个环节和各个方面。二是启用参建单位信用评价体系，依据《内蒙古自治区农田建设项目参建单位信用评价办法（试行）》，对参建单位履约行为进行规范和评价，通过限制失信行为人参与项目，倒逼招标代理、勘察设计、施工、监理、供货等参建单位加强行业自律，规范专业管理。三是建立问题排查整改工作体系，自治区政府办公厅印发《全区高标准农田建设项目问题排查整改工作方案》，三级联动从进度、资金、质量、上图入库、资料数据、管护利用等方面开展自查自纠，通过线上调度系统实现问题上传、实时跟踪、对点销号，以此为抓手推动项目建设水平和工程建设质量整体提升。

八、用“防盗网”守护“大熊猫”

黑土地被誉为“耕地中的大熊猫”，为保护4个盟市36个旗县4 455万亩黑土资源，内蒙古从项目建设和监测监管两个方面织密保护利用“防盗网”。先后落实各级财政资金11.9亿元，在东北黑土区开展耕地质量建设和黑土地保护利用试点，累计实施黑土地保护利用技术措施760万亩，建立了黑土地保护利用实施效果评价体系，探索出适宜内蒙古东北黑土区不同区域、不同地形地貌的7套可复制、可推广的技术模式。2021年筹措1 941万元新建1 293个耕地质量监测点，对黑土区域进行加密布设，实现了耕地质量全面监管。联合公安厅、自然资源厅、市场监督管理局对东北黑土区盗采黑土泥炭的行为进行排查整治，黑土资源得到有效保护。

2021年，内蒙古自治区高标准农田建设工作取得了长足的进步，也得到了农业农村部的认可，对标全国，由原来的“跟跑”变为“并跑”，2022年争取再上台阶，变为“领跑”。

（内蒙古自治区农牧厅供稿）

黑龙江省：

坚决保护好利用好黑土耕地
筑牢维护国家粮食安全“压舱石”

黑龙江是农业大省，现有耕地面积2.579亿亩，其中典型黑土耕地面积1.56亿亩，占东北典型黑土区耕地面积的56.1%，承担着保障国家粮食安全的重大政治责任。近年来，全省上下深入贯彻习近平总书记重要讲话和重要指示批示精神，在省委、省政府统一领导下，全面落实党中央、国务院的决策部署，坚持把黑土地保护工作作为一件大事来抓，深入实施藏粮于地、藏粮于技战略，严守耕地红线，坚决遏制耕地“非农化”，防止耕地“非粮化”，全力保护好、利用好黑土地这个“耕地中的大熊猫”，夯实维护国家粮食安全“压舱石”基础。

2021年6月，全国黑土地保护现场会在黑龙江省绥化市召开，胡春华副总理出席会议并讲话，对黑龙江因地制宜探索实施“一翻两免”黑土地保护模式给予充分肯定。2021年6月30日，农业农村部、国家发展和改革委员会、财政部等七部门联合印发的《国家黑土地保护工程实施方案(2021—2025年)》，将黑龙江黑土地保护“龙江模式”“三江模式”列为黑土地保护主推技术模式。目前，全省耕地质量平均等级3.46，高出东北黑土区0.13个等级；土壤有机质平均含量36.2克/千克；秸秆翻埋和深松整地地块耕层厚度平均达到30厘米以上。2021年，全省粮食总产量1 573.54亿斤，比上年增加65.34亿斤，实现“十八连丰”，继续保持全国产粮第一大省地位，为保障国家粮食安全作出积极贡献。

一、全面落实总书记重要讲话精神，以高度的政治自觉保护好利用好黑土耕地

围绕贯彻习近平总书记保护黑土地一系列重要指示批示精神和胡春华副总理在全国黑土地保护现场会上的部署要求，省委、省政府多次召开专题会议研究黑土地保护和利用，严格落实党政同责要求，成立了黑土耕地保护推进落实工作小组，把黑土耕地保护作为考核“指挥棒”，纳入粮食安全责任制、市（地）级考核重要内容，压实落靠各级责任。

（一）坚持高位推动

黑龙江省委十二届九次全会审议通过《中共黑龙江省委关于深入贯彻新发展理念加快融入新发展格局推进农业农村现代化实现新突破的决定》，将黑土地保护列入现代农业发展的“十二项工程”之一重点推进，提出“施行最严格的黑土保护，提升黑土耕地质量，让黑土地得到永续利用”，采取“长牙齿”的硬措施，扎实做好黑土耕地保护利用这篇大文章，夯实国家粮食安全基础。

（二）坚持规划引领

按照《国家黑土地保护工程实施方案（2021—2025年)》，制定出台《黑龙江省“十四五”黑

土地保护规划》《黑龙江省黑土地保护工程实施方案（2021—2025年）》，进一步明确目标、完善措施、压实责任，将“十四五”时期黑土地保护任务落实到市县，措施落实到地块，在坚决完成39个黑土地保护重点县5 600万亩保护任务的基础上，再努力、再加压，制定了到2025年全省保护1亿亩黑土地的硬任务，坚决遏制黑土地“变薄、变瘦、变硬”。出台《黑龙江省小流域综合治理建设方案（2021—2023年）》《黑土地保护粮食主产区侵蚀沟综合治理建设方案》等专项建设方案，编制《黑龙江省“十四五”水土保持规划》，科学推进水土保持综合治理。

（三）坚持科技支撑

与中国科学院联合开展“黑土粮仓”科技会战，签定框架协议，在北大荒农垦集团建三江分公司、绥化市海伦市、齐齐哈尔市依安县，共同打造黑土保育与粮食产能协同高效的3个万亩级技术样板。依托省农业科学院，整合资源力量，组建黑龙江省黑土保护利用研究院。特聘2名中国工程院院士、1名中国科学院院士以及省内外专家，成立省级黑土地保护利用专家组，开展科技攻关和技术集成。

（四）坚持依法监管

省人大常委会出台《关于切实加强黑土地保护利用的决定》和《黑龙江省黑土地保护利用条例》，修订了《黑龙江省耕地保护条例》，为依法加强黑土地保护利用提供了有力法制保障。黑龙江省委、省政府围绕数量、质量、生态“三位一体”保护目标，制发《黑龙江省黑土耕地保护利用“田长制”工作方案（试行）》，建立省、市、县、乡、村和网格、户“5+2”七级田长工作责任体系，压实落靠黑土耕地保护责任，形成全覆盖监管机制，确保黑土耕地不减少、不退化。

高标准农田建设项目区（黑龙江省农业农村厅提供）

二、坚持因地制宜用养结合，采取综合措施保护好利用好黑土耕地

围绕全面加强黑土耕地保护，提升黑土耕地资源利用、生态环境和生产能力可持续性，重点强化工程、农艺、生物三个方面措施，综合施策，合力推进。

（一）强化工程措施

黑龙江省人民政府办公厅出台《关于切实加强高标准农田建设 提升粮食安全保障能力的实施意见》，围绕“田、土、水、路、林、电、技、管”等8个方面建设任务，重点实施土地平整、土壤改良、灌溉和排水、田间道路、农田防护与生态环境保持、农田输配电、科技服务等“七大工程”。2021年，实际建成黑土高标准农田1 024.55万亩，累计建成高标准农田9 141.05万亩，落实高标准农田原则上全部种粮的要求，有效改善了农田基础设施条件，持续增强了农田抗灾减灾能力，显著提升了黑土耕地质量。2019年、2020年连续两年获国务院督查激励表彰。

（二）强化农艺措施

推进农机农艺结合，全省累计装备100马力以上大型拖拉机8.7万台，落实保护性耕作面积2 586万亩。落实耕地轮作试点1 246.11万亩，休耕试点50.66万亩，均超额完成国家任务。在巴彦等27个县（市、区、农场）实施东北黑土地保护利用项目，落实项目区190.03万亩。根据不同土壤类型和积温带，探索建立了符合黑龙江实际的秸秆翻埋还田、秸秆碎混还田、秸秆覆盖免耕等秸秆还田技术，总结出平原旱田、坡耕地、风沙干旱及水田4个黑土耕地类型区黑土地保护利用“龙江模式”和“三江模式”。

（三）强化生物措施

突出黑土耕地生态环境改善，推进农田防护林体系建设，开展畜禽粪污资源化利用，深入实施科学施肥合理用药，通过严把源头治理、投入品减量和废弃物处置关口，有效防治农业面源污

高标准农田建设项目区（黑龙江省绥滨县农业农村局提供）

染，促进农业绿色高质量发展。建设11个县级化肥减量示范区共11万亩，重点推广机械侧深施肥、适期施肥等化肥减量增效技术。全省新增测土配方施肥面积1 000万亩，建立病虫疫情监测点达3 000个，配备监测设备1.4万台，全省节药喷头更换率达45%；持续举办黑龙江省植保技术网络大讲堂，推出“掌上植保”App，有效提升监测预警和科学用药指导水平。

三、防止黑土耕地“非农化”“非粮化”，科学利用黑土资源

（一）实施专项整治

省政府办公厅下发了《关于坚决制止耕地“非农化”行为的通知》，坚决制止耕地“非农化”。严格落实国家关于防止耕地“非粮化”稳定粮食生产的意见要求，省政府成立工作领导小组，制定《黑龙江省防止耕地“非粮化”稳定粮食生产工作方案》，统筹协调推进防止耕地“非粮化”，明确耕地利用优先序，稳定发展粮食生产。各市、县政府成立相应的组织机构，构建了上下联动、协调统一的工作推进机制。持续开展了“大棚房”问题清理“回头看”、打击盗采泥炭黑土、违规占用耕地搞绿化等专项整治行动，强化部门监管合力，持续保持高压态势，做到早发现、早制止、严查处，坚决遏制耕地“非农化”，防止耕地“非粮化”。

（二）严格“两区”划定

省政府印发《黑龙江省“两区”划定建设方案》，将全省1.667亿亩划定任务分解到各市，细化“两区”划定任务落实。实际划定粮食生产功能区和重要农产品生产保护区1.68亿亩，比国家下达的任务多134万亩。永久基本农田和粮食生产功能区、重要农产品生产保护区重点用于发展粮食生产，特别是保障玉米、水稻、小麦粮食作物种植面积。2021年，全省实际落实粮食作物面积达到21 826.95万亩，占全国的12.37%，超额完成国家下达的21 690万亩目标任务。

（三）加强监测监管

严格落实“田长制”，探索建立黑土耕地质量监测网络，统筹布设耕地质量监测点。探索建立“项目统筹、资金整合、技术集成、规模建设、评价验收”的黑土耕地保护机制。建立土壤污染联动监管机制，制定出台《黑龙江省土壤污染防治实施方案》，省、市、县三级建立土壤污染防治联席会议制度，对全省土壤污染防治进行联动监管。

（四）强化示范引领

围绕建设科技农业、绿色农业、质量农业和品牌农业，突出黑土耕地保护利用和高标准农田建设一体化综合施策，聚焦“立标杆、作示范、建样板”，坚持水土流失治理、基础设施建设、耕地质量提升、农业绿色生产“四位一体”工作思路，以高标准农田建设为载体，集成组装“田、土、水、路、林、电、技、管”各类措施，采取“1+N”推进方式，整合涉农资金项目，在全省建设33个集农业科技创新应用、绿色生产模式推广、标准化规模化经营、农业品牌创建引领、农民素质和技能培训提升、招商引资和对外合作交流、基层党建、人居环境整治等多种功能于一体的黑土高标准农田示范区。

（黑龙江省农业农村厅农田建设管理处供稿）

安徽省：

围绕“两个要害”谋思路　聚焦“五新目标”抓落实

2021年，既是实施“十四五”规划、开启全面建设社会主义现代化国家新征程的开局之年，也是巩固拓展脱贫攻坚成果同乡村振兴有效衔接之年。安徽省农田建设管理工作坚持以习近平新时代中国特色社会主义思想为指导，围绕“两个要害”谋思路，聚焦“五新目标”抓落实，持续推进农田建设事业高质量发展。

一、加强指导监督，实现建设任务新突破

2021年国家下达安徽省高标准农田建设任务500万亩，增长31.6%，超出全国平均增幅6.6个百分点，是安徽省历年来任务最重、规模最大的一年。截至2021年12月底，安徽省完成高标准农田新建560万亩，超额完成年度500万亩建设目标；全省累计建成高标准农田5 510万亩，占第三次全国国土调查（以下简称“国土三调”）安徽省耕地面积的66.2%，为粮食生产“十八连丰”、总量稳定在800亿斤以上夯实基础。**一是狠抓任务落实。**及时分解下达500万亩高标准农田建设年度任务，同步落实30万亩高效节水灌溉任务和110.55万亩灾毁修复任务。督促指导各地落实项目537个、面积500.18万亩。印发《关于做好2021年农田建设管理工作的通知》，推动各地进一步增强完成建设任务的责任感、使命感和紧迫感。**二是健全调度机制。**健全“定期调度、分析研判、通报约谈、奖优罚劣”工作推进机制，将高标准农田建设纳入全省33项民生工程统筹推进，采取通报排序、末位约谈、集中会战、挂牌督战等方式加大督导力度。省农业农村厅全年召开现场调度推进会3次、政策业务培训会1次。**三是突出考核导向。**及时完成高标准农田建设评价激励、子项延伸绩效考评和粮食安全省长责任制考核等相关工作。严格开展对市县高标准农田建设考核评价工作，突出任务完成好、工作举措实、建设绩效优的市县，以省政府、省农业农村厅名义通报表彰，树立正向激励导向。**四是开展一线督导。**通过联系服务、“四不两直”、绩效评价等方式，对项目勘察设计、评审立项、施工管理、竣工验收等重点环节进行监督指导，组织开展2020年度高标准农田建设项目省级抽验。

二、坚持双轮驱动，创出耕地质量提升新路径

坚持高标准农田建设数量增加与耕地质量提升“双轮驱动”，持续加强耕地质量建设与保护，不断提升耕地质量。**一是全“面”统筹，构建体系。**督促指导各地统筹推进农田基础设施“硬件”建设和耕地质量“软件”建设，推进耕地质量提升措施与高标准农田项目同步规划设计、同步建设实施、同步考核评价，确保在高标准农田建设项目区采取“改、培、保、控”单一或综合措施，措施覆盖面积达到90%以上。**二是多“线”协作，形成合力。**省级层面继续整合农机深松整地作

业、化肥减量增效示范和科学施肥、基层农机推广体系改革建设、畜禽粪污资源化利用、秸秆综合利用等资金，重点投向已建或在建高标准农田，形成耕地质量建设与提升的合力。**三是重“点”切入，示范带动**。在全省选择5个县开展退化耕地治理试验示范，牵头组建耕地质量省级专家组，建立省级专家对口联系服务、项目定期调度等制度，采取线上咨询解惑与现场调研指导相结合、定期调度与现场推进会相结合等方式，有序高效推进退化耕地治理试验示范工作。指导亳州等地开展“农牧结合、种养循环”肥水还田的耕地质量建设新路径探索实践，实现粪污资源化利用、耕地质量提升、种养双赢的综合效应。

安庆市潜山市黄铺镇高标准农田项目区（安徽省农业农村厅提供）

三、加大资金投入，迈上建设投资新台阶

2021年，安徽省进一步拓展投入渠道，加大资金投入，高标准农田建设亩均财政投入标准达到2 250元。**一是落实地方支出责任**。将农田建设作为财政重点保障事项，落实地方政府支出责任。会商财政、发改委等有关部门，并经省政府常务会议研究同意，按照亩均625元标准安排省级预算31.35亿元，持续督导市、县两级落实本级支出责任，实现亩均财政资金投入逐年提升。**二是拓展财政资金渠道**。会商财政部门，推动省级统筹市县土地出让收入用于高标准农田建设。指导六安等地联合自然资源部门开展新增耕地认定和入库备案，探索新增耕地指标调剂收益用于农田建设。推进发行政府专项债支持高标准农田建设，全省累计发行专项债2.4亿元投入农田建设。**三是引导社会资金投入**。鼓励支持新型农业经营主体申报实施高标准农田建设项目，推动各地以围绕产业为核心、符合实际为根本、规范管理为保障，有序引导社会资金参与高标准农田建设。全省共引导42个新型农业经营主体自筹1 714万元投入高标准农田建设。

四、聚焦质量绩效，推动管理能力新提升

把高标准农田建设质量和绩效摆在更加突出位置，不断提升项目管理能力。**一是以质量监管为抓手**。根据农业农村部《高标准农田建设质量管理办法（试行）》和"质量回头看"活动要求，精心组织开展农田建设质量排查和整改工作；督促各地做好高标准农田建设项目省级抽验整改及上报工作。制定印发《安徽省农田建设质量提升年活动方案》，在全省农田建设系统开展质量提升年活动，着力提升工程质量、耕地质量和管理质量。**二是以绩效评价为手段**。落实全面预算绩效管理有关要求，结合高标准农田建设年度评价激励和延伸绩效考核工作，同步实施农田建设补助资金绩效部门评价工作。积极配合省财政预算绩效评价中心、财政部安徽监管局开展农田建设补助资金绩效评价，评价结果均为良好。**三是以审计调查为契机**。配合省审计厅对9个县的高标准农田建设开展专项审计，查找短板、研究对策，并通过联系服务、督导检查、业务培训等途径，结合质量提升年活动，层层传导责任压力，不断健全政策制度，及时抓好整改完善，加快健全农田建设管理长效机制。

五、深化探索创新，开创农田建设新局面

从保障国家粮食安全的政治高度和乡村振兴全局谋划推动高标准农田建设，深化三项创新试点，不断开创农田建设新局面。**一是"四个结合"探索创新**。继续督促指导各地开展高标准农田

宣城市郎溪县飞鲤镇高标准农田项目区（安徽省农业农村厅提供）

建设与巩固脱贫攻坚成果、发展现代农业、耕地占补平衡、农村人居环境改善等“四个结合”探索实践。全省支持脱贫地区建设高标准农田56万亩，惠及119个脱贫村、3万多户贫困户；支持“两区”建设高标准农田486.21万亩，打造各类产业园和基地46个；新增耕地7 191.86亩；支持343个村改善人居环境。**二是绿色农田创建示范。**持续开展绿色农田创建活动，因地制宜构建生态沟渠、道路和塘堰湿地系统，改善农田生产条件，保护农田生态环境。尤其是今年亩均投资标准提高后，指导市县将标准提高部分的资金，重点用于绿色农田示范建设、耕地质量监测监管、农业物联网、水肥一体化智能灌溉、数字农业等内容。**三是示范区建设探索实践。**制定印发《关于开展高标准农田示范区建设助力现代农业发展意见》，指导各地以粮食和重要农产品旱涝保收、高产稳产、高质高效、生态安全为目标，选择22个项目区，统筹涉农资金，聚集资源要素，围绕提升农业产业体系、生产体系、经营体系现代化水平开展示范区建设探索实践，力争通过3 ~ 5年的努力，在全省建成一批生产规模化、作业机械化、服务社会化、经营市场化、管理数字化的农业现代化先行区，为保障国家粮食安全、加快农业农村现代化作出新贡献。

（安徽省农业农村厅供稿）

江西省：

打造新时代乡村振兴农田建设样板之地

习近平总书记强调，建设高标准农田要坚定不移抓下去，提高建设标准和质量，真正实现旱涝保收、高产稳产。2021年，江西各级农业农村部门深入贯彻习近平总书记关于农田建设重要指示批示精神，认真落实党中央藏粮于地战略，按照农业农村部部署要求，紧紧围绕提高耕地粮食产能目标，继续在省级层面统筹整合资金并发行专项债券，持续推进高标准农田建设，为巩固粮食主产区地位、保障国家粮食安全提供了重要支撑。

一、坚持高位推动抓进度

根据江西种植双季稻农田较多的实际，江西高标准农田项目田间工程施工集中在当年二晚收割后、翌年春耕前的冬春农闲季节进行，施工周期很短。为不影响春耕生产，江西坚持高位推动抓进度，确保高标准农田建设项目按时完工并交付使用。2020年度290万亩项目田间工程于2021年4月全面完工，并按时完成了验收考核和上图入库；2021年度317万亩项目田间工程将于2022年4月全面完工，为春耕生产提供基础支撑。**一是强化工作考核**。将高标准农田项目按时完成情况及成效纳入对市县党委政府粮食安全、乡村振兴、高质量发展等实绩考核内容并加大了考核权重，切实发挥考核“风向标”作用。**二是强化工作推动**。省级层面先后召开省高标准农田建设领导小组会和全省高标准农田建设电视电话会、现场推进会、项目“百日大会战”行动启动会等，推动项目实施。省、市、县各级严格落实政府一把手负总责、分管领导直接负责工作机制，各级党委、政府领导经常性深入项目现场调研督导项目进度。**三是强化工作调度**。坚持每周定期调度和适时通报制度，对建设进度偏慢项目县，通过全省通报、发函督办、约谈提醒等方式，督促项目推进。

二、坚持对标对表编规划

全国高标准农田建设规划明确，江西到2025年、2030年需分别建成高标准农田3 079万亩、3 330万亩，占“国土三调”江西省耕地面积分别达75.4%、81.6%，占水田面积分别达90.4%、97.8%，建设任务很重。为确保按时完成国家下达江西的建设任务，江西早谋划、早部署，于2021年底基本完成省级规划，提前农业农村部要求半年完成规划编制。**一是领导重视**。省委书记易炼红、省政府省长叶建春、省政府分管副省长胡强专门就规划编制作出批示，要求按下达的任务，不折不扣地高质量完成，抓紧编制高标准农田规划；农业农村厅主要领导、分管领导多次就规划编制听取汇报、提出具体要求。**二是家底清楚**。为确保规划科学、合理、可行，江西省农业农村厅及时主动对接相关部门，依据“国土三调”数据和农业农村部农田建设管理司上图入库底数，合理分配任务指标。**三是论证充分**。多次跟农业农村部沟通汇报，征求各设区市、省直有关部门意见，还组织相关领域专家进行论证。同时，及时印发《关于加快编制高标准农田建设规划的通知》，督促指导市、县抓紧谋划本地区规划编制，要求尽快将国家和省里下达的任务分解到县，落到田块，为全省新一轮高标准农田建设开好新局、赢得主动。

2021年高标准农田建设工作现场会暨“百日大会战”启动会（江西省农业农村厅提供）

三、坚持立查立改提质量

江西高标准农田项目每年涉及近百个项目县、近千个标段，点多面广，监管要求很高。江西省农业农村厅坚持人民至上，坚持把主动查找发现和督促整改工程质量问题贯穿项目实施全过程，2020年度290万亩项目验收合格率达100%，项目区农民群众满意率达90%以上并纷纷向当地农业农村部门赠送锦旗。**一是强化质量跟踪**。按照农业农村部统一部署，针对2011年以来建成且上图入库的高标准农田项目，围绕项目前期规划、实施过程、工程质量、建后管护等环节，制定工作方案，在全省范围组织开展工程质量“回头看”活动，解决了一批高标准农田项目区存在的“断头渠”“花花路”“阴阳田”等问题。**二是强化专项整治**。针对个别项目地方出现的高标准农田项目质量问题，切实扛起保障国家粮食安全政治责任，以“刀刃向内”的勇气，成立领导小组，组建工作专班，印发工作方案，召开动员大会，在全省范围开展了为期4个月的高标准农田项目专项整治，先后三轮共组织15个调研组，深入52个重点项目县开展调研督导，组织各项目县对项目建设管理情况开展全面自查自纠。**三是完善项目制度**。注重高标准农田项目专项整治成果运用，针对项目薄弱环节和监管漏洞，不断完善项目制度。先后制定了《进一步加强高标准农田建设项目管理的意见》和项目初步设计指导意见、档案管理办法，修订了高标准农田建设验收细则、省级抽查方案、建设规范、项目管理办法等，为项目全过程、精细化管理完善制度保障。

项目区群众向当地高标准农田办赠送锦旗（江西省农业农村厅提供）

四、坚持善作善成解难题

由于持续多年推进高标准农田建设，江西基础条件好、集中连片的农田大多已进行过项目实施，剩余的农田基本都是难啃的“硬骨头”，特别是可挖掘的水田很有限，项目选址较难；与此同时，随着高标准农田建成面积和规模不断壮大，管护的人员、资金需求逐年增多，管护压力较大。为此，江西因地制宜、多措并举解决项目选址和建后管护问题。**一是创新建设路径**。支持在旱地、丘陵山区开展高标准梯田建设，整乡、整村推进项目实施。2021年，全省旱地、丘陵山区分别建设高标准农田21.74万亩、246.7万亩，目前全省有584个乡镇实现了高标准农田全覆盖，面积达1 162万亩。**二是压实管护责任**。在先后出台高标准农田项目建后管护办法、指导意见的基础上，争取省财政安排高标准农田建后管护奖补资金200万元，对全省20个建后管护成效明显的项目县给予奖励，激励各地落实落细“县负总责、乡镇监管、村为主体”的管护责任。2021年，全省各市县共落实建后管护财政资金1.34亿元、管护人员1.4万人，修复项目区损毁设施1.96万处，其中修复损毁沟渠94.8万米、机耕路64.2万米。**三是创新管护机制**。鼓励各地因地制宜，探索创新管护机制。如：抚州市广昌县通过购买服务、委托第三方（县水务集团）开展统一管护，赣州市赣县区、全南县探索开发了“田管家”智慧管护平台，吉安市安福县实行“田保姆”管护的做法先后被中央电视台、新华社等国家级主流媒体报道。

九江市永修县高标准农田建前建后对比图（江西省农业农村厅提供）

五、坚持良田粮用保供给

坚决扛稳保障粮食安全的政治责任，始终把确保粮食供给作为高标准农田建设的首要目标，紧紧围绕提高粮食综合生产能力建良田。**一是规范项目实施。**围绕“能排能灌、宜机宜耕、稳产高产”目标开展项目建设。2021年项目区开展土地平整约145万亩、修建机耕道约1.2万千米、新建沟渠约3.77万千米；耕地质量提升0.5个等级，亩均增加粮食产能100斤以上；农田宜机化率达80%以上，亩均耕种成本节省约150元，亩均效益提高250元左右。**二是严守耕地质量。**将项目区耕地质量保护提升贯穿项目建设全过程，督促施工企业严格执行耕作层剥离再回填程序，坚持土壤培肥全覆盖，全面落实“少硬化、不填塘、慎砍树、禁挖山”要求，积极推广生态环保新材料和高效节水灌溉新技术，科学构建生态沟渠和塘堰湿地系统，维护生物多样性。**三是严格用途管控。**及时对建成的高标准农田上图入库并移交自然资源部门划入永久基本农田，实行特殊保护。积极推动项目区土地规模流转，原则上全部用于粮食生产。截至目前，全省高标准农田项目区土地流转率达78.72%，高出全省平均水平近30个百分点。

（江西省农业农村厅农田建设处供稿）

广东省：

坚持创新引领　驱动农田建设高质量发展

广东作为全国第一常住人口大省、最大粮食主销区，始终紧绷粮食安全这根弦，坚决牢固保障粮食安全底线。2021年，广东省共建成高标准农田161.79万亩，超过国家下达的160万亩建设任务。通过高标准农田建设，农业生产条件和生态环境得到明显改善，农业综合生产能力有效提升，高标准农田项目建设后耕地质量平均提高0.26个等级。

站在新起点，为进一步落实国家藏粮于地、藏粮于技战略，确保“农田就是农田，而且必须是良田”，广东各地正大力推进宜机化、绿色农田、土壤改良等高标准农田创新试点，同时创新性引入金融保险机构，全面提升高标准农田建设和管护质量，打造“互联网+”农田监管体系，聚力打造“升级版”高标准农田，确保南粤粮食安全的根基夯得实之又实。

高标准农田建设项目区（南方农村报提供）

一、创新政策：制定广东省农田整治提升行动方案

耕地是粮食生产的“命根子”，是保障国家粮食安全的根本。着眼于广东耕地数量减少、农田建设标准和质量不高、撂荒现象仍然存在的问题，广东加强顶层设计，经省政府同意，印发《广东省农田整治提升行动方案（2021—2025年）》（粤农农〔2021〕151号），立足农业农村部门工作职责，积极从耕地“数量、质量、用途”三方面全面发力，提出三个方面任务目标：一是到2025年新增建设318万亩高标准农田，改造提升335万亩，统筹发展高效节水灌溉，平均每年耕地质量提升0.1个等级，确保广东粮食产能稳定在1 200万吨以上。二是全省复耕撂荒耕地约64万亩，2021年起开展复耕复种面积50%以上，力争到2023年可复耕撂荒耕地全部复耕，扩大粮食种

植面积。三是到2025年，结合复耕整治、高标准农田建设等方式恢复和新增耕地20万亩。通过加强高标准农田建设，整治耕地撂荒，推动恢复和新增耕地，牢牢守住耕地数量红线，扎实提升耕地质量，坚决遏制耕地“非农化”和严格管控耕地“非粮化”，为巩固和提高广东粮食生产能力、保障粮食安全提供坚实支撑。

二、创新实践：开展高标准农田建设示范试点推动农田质量升级

2021年，广东统筹高标准农田建设项目，积极打造创新示范试点项目，一是在全省选取了15个试点县（市、区），打造一批宜机化改造试点项目，提高项目区农机作业便捷度，推动农业经营方式转变，提升农业现代化水平。二是在全省选取4个县（市、区）开展绿色农田建设试点，旨在改善项目区农田生态环境，提升农田生态功能，促进农业绿色发展。三是继续在10个县（市、区）打造20万亩以上土壤酸化耕地治理项目试点示范区，有效缓解耕地酸化程度，提升耕地质量。

通过建设示范项目，项目区实现了田块的“小变大、陡变平”，机耕路的互联互通，促进了农机的应用推广和安全作业，推动了撂荒耕地复耕，增加了有效耕种面积，提升了农田地力和生态涵养，让粮食生产的基础更加牢固，农民也得到了实实在在的好处。创新示范试点项目明显带动了广东农田建设高质量发展，如在广东省阳江市阳春市的春湾镇新明村，有一片130亩的农田，原先由150多块高低不平、大小不一、形状各异的小田块组成，没有水泥路，农户各自经营，有的还撂荒，而借助改造提升项目，泥泞路升级为宽阔的机耕路，田块也进行了重新划分和平整，改造成20多块、每块3 ～ 5亩、连片平整的大田。改造后的农田价值提升立竿见影，项目还在施工时以500元/亩的租金被一家合作社流转，明显高于附近田块普遍的300元/亩的租金。又如在广东江门台山市水步镇兴联村，一片400亩粮田由于位置较偏，农田与大路未能连通，农机无法下田作业，这让该田承包户很是“心塞”。而经宜机化改造后，彻底解决了这个堵点，让承包户种粮更加有底气。

三、创新手段：引入商业险加强高标准农田建后管护

高标准农田建设“三分建、七分管”，要想项目“建得成、长运行、久受益”，有效的建后管护必不可少。然而，由于制度、资金等各方面原因，建后管护一直是广东高标准农田建设工作中的一大难题。

基于此，广东一方面指导各地依照“谁受益，谁管护”“谁破坏，谁维修”的原则建立一套有效的高标准农田管护制度，确保建成的项目管护有主体、有人员、有资金、有标准、有考核，能让项目持久发挥效益；另一方面又积极探索创新管护模式，经反复调研和系统研究后，2021年8月，印发了《关于开展高标准农田建设金融保险创新试点的通知》（粤农农函〔2021〕695号），明确将高标准农田建设工程质量和工程设施纳入金融保险范围，鼓励各县（市、区）开展综合保险试点，创新加强工程质量和管护新模式，加强高标建设工程建后管护保障。目前，东莞市、江

门市、清远市、佛山市、广州市、湛江市等多地都在积极试点高标准农田管护保险，先后购买了高标准农田建设工程质量潜在缺陷责任保险保单，其他地市也在与保险公司积极对接推进高标准农田质量保险试点工作。

四、创新技术：打造“互联网+”农田监管体系提升农田建设管理科学化、精细化水平

高标准农田建设点多面广，经过多年建设，究竟建了多少？建在哪里？效果如何？只有全面解决这些问题，高标准农田建设项目监管才能更加精准。为此，广东以信息化建设为抓手，通过精心打造农田建设管理信息系统，借助信息化手段全面解决这些问题，显著提高了高标准农田建设项目监管的精准度和科学化、精细化管理水平。

机构改革后，广东立足农田建设管理事权职责统一的新起点，主动担当作为，按照国家建立农田建设“五统一”管理体系的部署要求，精心打造并不断升级农田建设管理信息系统，于2020年3月9日正式上线启用了广东省农田建设管理信息系统（二期），在全国率先实现由农业农村部门全面承接高标准农田建设项目建设上图入库工作。

2021年，广东结合新形势新要求，继续对系统进行升级改造，系统（三期）已于2021年9月正式上线运行，三期系统助力广东率先打造了“互联网+”高标准农田监管体系。一是支持开展高标准农田建设项目移动巡查，包括农田建设工程质量与进度巡查、农田设施巡检管护与种植巡

高标准农田建设项目区（广东省南雄市农业农村局提供）

查、专项工作现场抽查、农田建设潜力储备现场踏勘、疑似撂荒耕地现场核实等业务，支撑农业农村部门主导，相关部门、乡镇村委、从业主体、农户及专业管护人员共建共管。二是打通与全国农田建设监测监管平台的数据交互通道，进一步优化全省高标准农田建设项目的建设规划、任务分解、项目申报、批复与报备、实施进度、竣工验收、建后管护等全过程数字化管理，确保高标准农田建设过程可追溯、可核查、可统计和可视化，有效提高管理效率。三是延伸农田建设全周期管理，在高标准农田项目储备、立项、实施、验收阶段地理信息上图入库基础上，增加了高标准农田建设潜力地块、占用补建项目地理位置信息上图入库，支持全省在线遴选潜力储备，实现非农建设占用高标准农田登记和补建管理。探索开展农田工程设施管理，制定高标准农田建设项目工程数据库标准，推进项目工程设施数据入库，探索由“面”到“点”深化高标准农田监管。

该系统已成为广东开展农田建设工作的重要抓手，高标准农田新建项目的选址、项目全流程管理和上图入库、建成项目的管护全部依托系统完成；同时，系统还助力在建项目的建设进展、工程质量的监管，极大地提升了基层干部的工作效率。

下一步，广东继续推动“数字农田”建设，持续推进农田建设管理信息系统的再次升级改造及运营，以实现对全省新建高标准农田工程设施建设及已建的高标准农田管护、耕地撂荒与种植分布情况进行有效监测，进一步完善“互联网+高标准农田监管”体系，为广东深入落实藏粮于地、藏粮于技战略提供有力支撑。

（广东省农业农村厅农田建设管理处供稿）

重庆市：

完善新增耕地政策　实现高标准农田提标提效

重庆市深入贯彻落实党中央、国务院关于高标准农田新增耕地决策部署，历时2年建立健全高标准农田新增耕地“生产、核定、交易、分配、再投入”政策标准体系，并通过在巴南区、永川区开展试点，成功取得合格证开展交易，预计今年可申请核定高标准农田新增耕地1.5万亩，将产生收益7.5亿余元，每亩耕地投资可由1 500元提高到3 000元，有效解决重庆市高标准农田建设资金投入不足、建设标准偏低问题。

一、主要做法

（一）聚焦部门合作，构建高标准农田新增耕地全流程协作机制

高标准农田新增耕地指标生产、核定、交易等涉及多个部门、多方利益。按照“归口管理、统一交易、合理分配、规范使用”原则，明确农业农村部门主要负责新增耕地生产、测算、交易、管护利用，规划和自然资源部门主要负责新增耕地核定，财政部门主要负责编制缴入同级国库的指标收益资金预算，联合推动建立“两通知、一办法、一意见、一标准”的政策制度体系，统筹推进高标准农田新增耕地指标收益政策落实落地。

高标准农田建设项目区（重庆市农村土地整治中心提供）

（二）聚焦指标生产，明确高标准农田新增耕地来源

重庆地形地貌复杂，以山地丘陵为主，田块小而破碎，田坎较多。通过实施“改大、改水、

改路、改土”，将零碎的、不规整的地块进行整理，拆除田坎和归并田块，项目区新增耕地出地率能够达到5%以上。高标准农田建设首要工程就是田块整治工程，将新增耕地目标纳入高标准农田项目建设进行统筹设计，充分挖掘新增耕地潜力，保证新增耕地应测尽测、应算尽算。同时，指导区县做好田块整治工程建设，保障新增耕地数量和质量。

（三）聚焦指标核定，明确高标农田新增耕地核定流程

一方面明确核定管理，出台《关于进一步加强高标准农田新增耕地核定管理工作的通知》（渝农发〔2020〕54号），细化明确核定工作职责、核定操作程序和具体步骤，畅通新增耕地核定途径。另一方面统一核定标准，根据高标准农田新增耕地实施和管理的特殊性，积极会商市规划和自然资源局优化新增耕地核定技术要求，印发《重庆市新增耕地核定技术要求（试行）》，适应高标准农田新增耕地核定需要。同时，在巴南区、永川区开展试点，并取得重庆市高标准农田新增耕地合格证，新增耕地451亩，印证现有政策、标准体系能够支撑重庆高标准农田新增耕地工作。

（四）聚焦指标交易，明确高标农田新增耕地收益分配使用规则

联合市财政局、市规划和自然资源局印发《关于做好高标准农田新增耕地指标收益管理工作的通知》（渝农发〔2021〕93号），确定区县农业农村部门为指标所有权人，由其作为交易主体；明确市、区县两级以3∶7进行收益分配，用于两级高标准农田建设，返还财政性补助资金之外的建设投入、技术工作经费等；健全“计划+市场”占补平衡指标调剂机制，单个项目新增耕地的10%用于支持市级重点项目，按照耕地开垦费收费标准定价（成本价），其余指标依市场行情定价（成本价+溢价），同时支持区县优先购买本地区新增耕地指标保障发展。

二、工作成效

（一）保障了社会经济建设用地需求

通过将高标准农田新增耕地指标统一供应市场交易，有效推动了全市健全“计划+市场”并轨的占补平衡指标调剂机制，保障全市经济发展和基础设施建设占补平衡，特别是保障市级重点项目落地（高标准农田新增耕地计提10%保障市级重点项目）。同时，还有效发挥经济发展优势区域和资源丰富地区资金资源互补优势，巩固脱贫攻坚成果和全面推进乡村振兴，推动形成优势互补高质量发展区域经济布局。

（二）提高了高标准农田建设投入标准

按照《全国高标准农田建设规划（2021—2030年）》，要求多渠道加大高标准农田建设投入，逐步达到3 000元/亩。目前，重庆高标准农田建设亩均投入1 300元左右，其中中央补助1 000元、市级补助300元。根据巴南区、永川区试点，通过新增耕地指标交易反哺高标准农田建设，每亩耕地投资可提高到3 000元。

（三）提升了粮食和重要农产品供给保障能力

通过高标准农田建设增加优质耕地数量，可直接增加粮食产能。新增耕地指标收益再投入高标准农田，有助于推进农田建设“高标、高投、高建、高用”，有力推进粮油菜等产业的适度规模经营，巩固和提升粮食综合生产能力。据统计，建成后的高标准农田，亩均粮食产能增加

10%～20%。从今年重庆高标准农田新增耕地试点推进情况看，到年底合川、永川、梁平、忠县等20个区县预计可申报核定高标准农田新增耕地1.5万亩，产生收益约7.5亿元。

（四）支撑了适度规模现代化的农业生产

通过集中连片开展以宜机化为重点的田块整治、地力培肥，有效解决耕地碎片化、质量不高、经营权分散等问题，加快新型农业经营主体培育，促进农业规模化、标准化、专业化经营，提高农业综合效益和竞争力水平。根据永川区仙龙镇项目建设实践，耕地细碎化程度降低了50%以上，田块规整度提高到90%以上，所有田块均实现机械化。

三、展望

重庆打通了高标准农田新增耕地全链条，但在基础数据使用、新增耕地指标核定和上图入库等方面还是存在相关部门推动缓慢的问题。展望未来新增耕地利用，除建议国家层面加强部门沟通与信息交流外，重庆市将推进以下四方面工作。

（一）构建部门协同、上下协作推进工作机制

一方面，积极争取市政府支持，推动高标准农田新增耕地纳入全市耕地占补平衡年度计划管理，通过将高标准农田新增耕地工作作为农业农村、规划和自然资源部门的共同责任，建立信息平台共用、基础数据共享的高标准农田新增耕地核定协同工作机制。另一方面，将新增耕地实施和高标准农田项目建设同步推进，建立市级统筹、区县实施、定期调度、协调指导的工作机制。

（二）推进高标准农田新增耕地扩面增量

按照“宜田则田、宜土则土”的原则，在高标准农田建设中划定宜耕后备资源范围，全域布设田块整治工程，确保新增耕地率不低于5%。新增耕地指标收益滚动投入高标准农田改造提升示范工程、“千年良田”建设，实现高标准农田提标提效。“十四五”期间，重庆市高标准农田新建任务509万亩、改造提升202万亩，通过互促共推，预计可新增耕地10万亩、交易收益约46亿元，建成丘陵山区高标准农田改造提升示范工程200万亩、“千年良田”100万亩。

（三）严格高标准农田新增耕地核定管理

规范开展高标准农田项目新增耕地从前期调查到后期据实测算等各个环节的工作，做好高标准农田建设新增耕地生产和核定，做到真实可靠、台账清晰，确保高标准农田新增耕地指标所对应的占补平衡指标来源合理、现状真实、数据准确。

（四）做好新增耕地后期利用和收益管理

加强产业引导，开展新增耕地后期利用监督检查，确保新增耕地用于粮油菜等产业发展，发挥长期效益。继续深化改革，拓宽高标准农田新增耕地指标收益的受益主体范围。统筹指标收益使用，将指标收益统筹高效用于推进高标准农田改造提升示范工程、“千年良田”工程、高标准农田“七化”示范区建设、十万亩级高标准农田建设和后期管护利用等，为夯实农业发展基础、提高农业综合生产能力、筑牢粮食安全基石提供有力支撑。

（重庆市农村土地整治中心供稿）

甘肃省：

扎实推进高标准农田建设　进一步筑牢粮食安全基础

2021年，甘肃面对新冠疫情、建设任务繁重、投入不足等多重压力，在农业农村部精心指导下，坚持把高标准农田建设作为持续改变农业生产基本条件、确保粮食安全的重要抓手，与农业现代化和生态环境建设一体谋划、一体推进，为全省粮食总产再创1 231.5万吨历史最高水平，助推稳产保供、农民增收，巩固拓展脱贫攻坚成果，实施乡村振兴战略作出积极贡献。2021年4月30日，国务院办公厅印发通报，对2020年真抓实干成效明显地方予以督查激励，甘肃名列按时完成高标准农田建设任务且成效显著5个激励省份之一，并给予2亿元农田建设补助资金奖励。农业农村部、省政府分别对省农业农村厅高标准农田建设工作给予通报表扬。孙雪涛副省长、李明生副厅长分别在全国冬春农田水利暨高标准农田建设电视电话会、全国高标准农田建设推进视频会上作典型交流发言。

一、2021年任务完成情况

2021年，农业农村部安排甘肃高标准农田建设任务350万亩，其中高效节水灌溉79万亩。按照相对集中连片、整体推进的要求，甘肃省及时将建设任务分解下达至全省88个县（市、区）和农垦农场；同时，为加大节水增效，将高效节水灌溉面积增加至140万亩。各相关部门千方百计、采取有力有效措施，全力推进项目建设。截至2021年12月31日，全省新建高标准农田376.98万亩，

临夏回族自治州临夏县高标准梯田建设项目（甘肃省农业农村厅提供）

其中高效节水灌溉157.03万亩，分别占任务目标的107.71%、198.77%，超额完成年度目标任务。

二、主要工作措施

（一）分区域合理布局，明确建设重点

以保障粮食安全为底线，紧密衔接乡村振兴等规划及三年倍增行动，结合产业发展需求，找准潜力区域，采取整灌区、整流域、集中连片规划、整体推进的方式，在河西及沿黄、引洮等大型灌区打造旱涝保收、高产稳产的粮食安全产业带；结合黄河流域生态保护和高质量发展，在陇中陇东黄土高原区打造现代旱作农业示范区。安排到永久基本农田、粮食生产功能区、产粮大县、玉米和马铃薯制种基地的任务占总任务的92%。兼顾不同自然条件和建设类型，在全省选择自然条件好、任务完成快、建设质量高、产业需求大、基础工作实的肃州区、甘州区、民乐县、凉州区、临夏县、环县等6个县区，开展整县区推进试点，在建设任务、资金安排方面给予倾斜，打造任务推进、管理规范、质量提升样板。

（二）持续强力推动，加快项目建设进度

组织项目管理和农田建设专家深入全省14个市州开展高标准农田建设工作调研，采取针对性措施督促加快建设，指导解决项目建设中存在的突出问题。动员全省农业农村部门牢牢抓住高标准农田建设黄金窗口期，开展“春季攻坚行动”“秋冬农田建设大会战”，集中资源力量，打好项目建设“攻坚战”，加快推进高标准农田项目建设，为全面完成年度目标任务打下良好基础。在农业农村部月调度的基础上，采取线上线下相结合的方式，高峰期实行周调度、旬研判、月通报制度，省级调度到县，市（州）调度到项目，县（市、区）调度到项目区具体地块，深入排查、认真梳理、督促解决影响项目进展的突出问题。全年召开8次（高峰期每月1次）全省高标准农田建设视频调度会议，督促进展滞后和问题突出的市（州）、县（市、区）加快推进项目建设和竣工验收攻坚。11月4日，在全国冬春农田水利暨高标准农田建设电视电话会后，紧接着召开全省高标准农田建设推进（视频）会，贯彻落实任振鹤省长批示要求。孙雪涛副省长出席会议并讲话，要求各级政府和相关部门切实提高政治站位，加快建设进度，确保提前争取超额完成年度目标任务。李旺泽厅长主持会议并通报了高标准农田建设项目进展情况，对重点工作提出了具体要求。

（三）坚持示范引领，以点带面掀起建设热潮

4月29日，在安定区、临洮县和会宁县召开全省高标准农田建设撂荒地整治暨马铃薯绿色基地建设现场推进会，将高标准农田建设与大型复式农机配套使用、土地流转、代种托管等相结合，提高马铃薯等粮食作物全程机械化水平，推进绿色标准化、规模化基地建设。将高标准农田建设与撂荒地整治相结合，把符合条件的撂荒地纳入高标准农田建设进行改造提升，改善耕作条件，一次性建成高标准产业基地。将高标准农田建设与高效节水灌溉相结合，统筹规划，同步实施，配套实施全膜双垄沟、软体水窖、集雨节灌、水肥一体化等高效节水技术，工程措施、农艺措施双管齐下，推进深度节水、极限节水农业发展。将高标准农田建设与流域治理、水土保持相结合，采取“二合一”“三合一”的办法，对中低产梯田进行全面提质改造，变“皮条田”为“大块田”，变“无路田”为“农机田”，变“三跑田”为“三保田”，为促进干旱山区乡村产业发展和脱贫攻

坚与乡村振兴有效衔接提供有力支撑。全省农业农村部门抓高标准农田建设工作从“不会干”到“抢着干、干得好”，形成了比学赶超的良好局面。

（四）推动资金保障，努力提升建设标准

2021年争取省级农田建设补助资金4.4亿元，较上年提高10%。持续加强向省级财政部门的汇报争取和协调沟通，会同省财政厅紧盯各县（市、区）统筹整合财政涉农资金，严把各县（市、区）涉农财政资金整合方案省级联合审核审查关，确保项目县（市、区）足额落实5.79亿元多元化投入资金，督促市、县财政切实履行高标准农田建设支出责任。在此基础上，协调指导各地加大政府专项债的谋划推进力度，组织市、县谋划推荐专项债高标准农田项目16个，其中兰州新区、民乐县、山丹县、临泽县、景泰县的项目获得了专项债券资金支持，专项债券资金投入高标准农田建设3.35亿元，是上年0.84亿元的4倍。抓好新增耕地指标调剂收益全部用于高标准农田建设试点，推进落实土地出让收益优先用于高标准农田建设政策，积极鼓励引导金融机构、龙头企业、受益主体等社会资金投入高标准农田建设。多措并举，加大资金投入，提升建设标准和质量。

临夏回族自治州临夏县高效节水灌溉项目（甘肃省农业农村厅提供）

（五）强化工作措施，持续推进建设质量提升

围绕保项目质量、保建设进度、保资金安全、保队伍廉洁，以明察暗访为主，加强常态化巡查指导，对发现的重要问题发出督办通知，要求限期整改。下发《关于认真学习和贯彻落实农业农村部〈高标准农田建设质量管理办法（试行）〉的通知》，明确工作重点和工作要求，加强高标准农田建设规划编制、项目储备、勘察选址、初步设计、评审批复、招标投标、建设施工、竣工验收、上图入库、移交管护、新增耕地核定等全过程质量管控，真正实现旱涝保收、高产稳产要求。采取集中培训和送培训到基层的方式，对市、县项目管理人员重点进行质量管理、在线调度、竣工验收等业务培训，共举办培训班7场次，受训人员达900多人次。经与省审计厅反复沟通协调，下发加快竣工决算审计工作的通知，加强高标准农田竣工验收和审计监督工作。针对项目推

进中存在的问题，下发关于项目储备库、加快资金支付、贯彻执行农田建设“十不准”等加强项目建设管理的通知，进一步规范项目储备、初步设计、竣工验收、线上线下调度数据填报等，提升项目规范实施水平。经省政府同意，会同省发改委、省财政厅、省自然资源厅、省水利厅组织开展高标准农田建设质量“回头看”，对全省2 680个项目进行了摸排自查，查出问题项目207个、面积159.95万亩，查出问题284个。至9月底，整改问题项目182个，整改完成率为87.92%；整改问题233个，整改完成率为82.04%，有效防范项目建设风险。

（六）精心谋划布局，编制新一轮规划

组织精干力量，成立工作专班，在对全省耕地数量、质量、结构和分布情况进行深入研究分析的基础上，《甘肃省高标准农田建设规划（2021—2030年）》已完成征求意见、专家评审等程序，力争2022年一季度经省政府批复发布实施。

（七）高度重视密切配合，扎实推进相关问题整改

2021年以来，中央第十五巡视组对甘肃巡视、省委粮食购销领域腐败问题暨涉粮问题专项巡视、财政部甘肃监管局对甘肃2019—2020年度高标准农田建设项目资金使用情况绩效评价抽查、国家种子基地建设相关资金审计、省审计厅乡村振兴及经济责任审计等都把高标准农田建设作为重点，甘肃积极配合做好巡视、审计、绩效评价抽查等，认真落实问题整改要求，并跟踪指导有关市、县建立台账，抓紧整改。下发《关于进一步做好高标准农田建设有关工作的通知》，要求2022年项目初步设计相关图件要与“国土三调”数据套合，各市（州）、县（市、区）要对已完成竣工验收的2019年、2020年项目图斑数据进行复核，对正在进行竣工验收的项目，要边验收、边复核，与“国土三调”数据套合不一致的不能验收。要求各市（州）、县（市、区）必须严格落实信息填报专人负责和一把手负总责、分管领导直接负责的责任制，确保填报信息的及时性、真实性和准确性。同时要求各地吸取教训，举一反三，建立健全长效机制，防止同样问题再次发生或产生新的问题。

（八）特事特办急事急办，加快灾毁农田修复

通过加强线上线下调度，强化不间断巡查指导和初步设计预审查，督促指导市、县开展灾毁农田修复。同时派出工作组，对完成任务差距比较大、存在问题较多的陇南市个别县（区）开展专项督查，省农业农村厅领导给陇南市农业农村局制发了提醒信，督促进行专项调度，对重点县（区）蹲点监督指导，举一反三，组织深入开展问题整改。截至目前，全省完成灾毁农田修复任务108.93万亩，占全部灾毁农田的98.3%。除少量因地质结构不稳定未开工修复外，其余灾毁地块全部达到耕种条件。

（九）认真谋划设计，积极推进亚行农田项目

利用亚行贷款黄河流域绿色农田建设和农业高质量发展项目，初步计划总投资4.008 1亿元，其中亚行贷款（由中央财政统借统还）0.280 3亿美元、地方财政配套资金1.821 9亿元、经营主体自筹资金（含以劳以物折资）0.364 2亿元。项目主要建设内容为以高效节水灌溉为主的绿色农田12.13万亩，惠及15 707户5.9万余农民。积极协调省发改、财政部门，落实前期费用100万元，依法依规招标确定项目咨询单位，组织编制项目可研报告，认真准备亚行官员和农业农村部项目考察评估组评估汇报材料和现场，积极配合调研组顺利完成了项目区的调研任务。

（十）积极争取及早谋划，加快2022年任务资金分解下达

农业农村部下达甘肃2022年高标准农田建设任务360万亩，其中高效节水灌溉80万亩。中央财政提前下达甘肃农田建设补助资金22.97亿元。按照优先在永久基本农田、粮食生产功能区、产粮大县、制种基地、脱贫地区布局要求，统筹新一轮建设规划和项目储备、撂荒地整治、产业发展等，加快工作节奏，及早将建设任务和中央提前下达资金、第一批省级财政补助资金2.46亿元分解下达至全省91个项目实施县（市、区）及农垦农场，为2022年项目实施争取主动。

三、存在的主要问题

甘肃高标准农田建设虽然取得了一些积极成效，但仍然存在一些困难和问题，主要有：**一是建设投入不足**。根据项目实施情况，甘肃高标准农田亩均投资2 000元左右，若配套实施水肥一体化、高效节水灌溉，亩均投资需3 000元。**二是基层管理和技术力量薄弱**。各市（州）、县（市、区）农业农村部门均设立了农田建设管理科、股，但人员配备不足，又没有专业技术支撑单位，管理和技术力量与日益繁重的高标准农田建设任务不相适应。**三是建设材料价格剧烈上涨**。高标准农田建设主要材料PVC市场价格2020年比2019年上涨30%以上，2021年10月比8月上涨48.18%。还有钢材、水泥、柴油等材料的价格上涨幅度也较大。

下一步，甘肃将以更高的站位、更宽的视野和更大的担当推进高标准农田建设工作，充分发挥高标准农田的基础平台作用，将高标准农田建设与高效节水灌溉、农机农艺技术推广应用、撂荒地整治、土地流转、代种托管等相结合，提高小麦、玉米、马铃薯等粮食作物全程机械化生产水平，推进绿色标准化、规模化基地建设。因地制宜，大力推广“一户一块田”“一户一台地”和“一企一基地”等适合甘肃的建设经验和做法，力争当年项目当年建成、当年见效，坚决高质量完成360万亩年度建设任务，为保障国家粮食安全作出甘肃贡献。

临夏回族自治州临夏县高效节水灌溉蓄水池（甘肃省农业农村厅提供）

（甘肃省农业农村厅供稿）

有关市县典型经验做法

江苏省南通市高标准农田整区域推进示范经验

聚力整体推进　聚焦全面创新
高水平打造高标准农田建设示范区

自2020年9月，南通市被确定为全省高标准农田建设区域化整体推进示范区以来，全市深入学习贯彻习近平总书记关于“三农”工作的重要论述，认真落实国家、省关于高标准农田建设的工作部署，在省农业农村厅、财政厅等有关部门的精心指导下，围绕市委明确的“建好省级示范区、争创全国示范区”总目标，突出高质量建设，实施“十项工程”，2021年新建高标准农田40万亩，投入14亿元，全部建成“吨粮田”。南通市高标准农田建设的有关做法，得到了农业农村部和省政府领导的充分肯定，并在全国农田建设工作现场会上作了交流发言。

一、提高政治站位，组织领导到位

南通市委、市政府从乡村振兴战略全局出发，坚持把高标准农田建设作为践行“不忘初心、牢记使命”的德政工程，作为实施乡村振兴战略的龙头工程，作为以工补农以城带乡的示范工程，成立了全市高标准农田建设区域化整体推进示范区建设领导小组，由市委、市政府主要领导任组长，分管领导任副组长，发改、财政、自然资源和规划、水利、农业农村等部门负责人任成员，齐抓共管高标准农田建设整区域推进工作。各县（市、区）也成立相应领导机构，加强组织推进。市党代会报告、市委全会报告、政府工作报告都对高标准农田示范区建设作出工作安排，明确要求，提供保障。市委、市政府专题研究部署高标准农田示范区建设工作10余次，先后两次召开全市高标准农田建设推进会，并将高标准农田纳入纪委监委巡察范围。注重加强考核引领，将高标准农田建设列为高质量发展考核和乡村振兴考核重要内容，建立市、县、乡、村监督考核机制，压实四级责任，以务实管用的组织领导机制推进高标准农田示范区建设。

二、瞄准全域推进，统筹规划到位

南通市专题编制示范区建设规划，全面统筹国土空间规划、城乡建设规划、乡村振兴规划，处理好高标准农田建设与城乡建设、永久基本农田保护、粮食生产功能区和重要农产品生产保护区的关系，以村为单元、镇为单位，整体规划建设高标准农田，努力做到农业行政村全覆盖，不落下一片地、不空下一户田，让更多的农户共享高标准建设成果。“十四五”期间，全市计划新建和提档改造200万亩集中连片、旱涝保收、节水高效、稳产高产、生态友好、美丽宜耕的高标准农田，各县（市、区）分别建设2 ～ 3个连片规模5万亩以上，设施配套齐、生态环境优、综合效益高的示范片。2021年建设40万亩，涉及100多个村，基本实现村域全覆盖、粮食生产功能区和重要农产品生产保护区全覆盖，惠及农民超过15万人。比如，南通市海门区以悦来镇为核心，针对田块连片面积小、废沟呆塘多、耕地平整度差以及河道杂乱的状况，以村为单元，整体规划，连片开发，连续投入，建成1个10万亩示范片，将原来只适宜于旱作物种植的中低产田打造成种植水稻的高产稳产农田，实现了道路循环畅通、河道水清岸绿、农田平整连片、村庄环境整洁，绘就了一幅“春季桃红柳绿，夏季农田葱郁，秋季大地吐金，冬季银装素裹”的美丽乡村画卷。

高标准农田建设项目区（江苏省农业农村厅提供）

三、实施“十项工程”，示范引领到位

南通市坚持开放式建设，把农业现代化对农产品产加销的基础设施需求，最大限度纳入进来，坚持系统化集成，把生态、智慧、美丽等元素叠加进来，全面支撑农业农村五位一体建设。市委、市政府出台示范区建设方案，大力实施“十项工程”。一是实施模式创新工程，积极推行“先流转后建设、先平整后配套”，推动农田建设与高效利用无缝对接。二是实施耕地提质工程，开展耕地质量监测，采取不同技术措施提升耕地质量。三是实施优质精品工程，严格执行高标准农田建设标准，规范质量行为、提升工程质量。四是实施生态优先工程，积极推进农田生态化设施建设，将高标准农田与绿色优质农产品基地融合建设。五是实施田美乡村工程，加大田间建（构）筑物拆除力度，推动农田增绿，促进工程向美观化方向发展。六是实施智慧农业工程，加大现代信息化基础设施建设，满足现代农业智能化发展需要。七是实施高效节水工程，积极建设高效节水灌溉设施。八是实施宜机化改造工程，深化田间机耕路提升行动，合理布局服务配套设施。九是实施精准管护工程，明确资产权属，收益归属，构建网络化管理体制。十是实施效益提升工程，积极发展农业产业联盟，引进农业科技企业、农业产业化龙头企业进入高标准农田项目区建设现代农业产业园、现代农业科技园、农产品生产基地。目前，“十项工程”在示范片中全面应用，逐步向面上推开。海安市在洋蛮河街道品建村示范实施“十项工程”，通过“先流转后建设、先平整后配套”，建设前将所有土地流转到村，再按照农业现代化和适度规模经营的要求，统一规划建设。通过配套建设高效节水灌溉一体化智能泵站、PE灌溉管道、生态排水沟、耕地质量检测站、智慧管控中心等措施，引进农业龙头企业，建成了规模连片、旱涝保收、节水高效、稳产高产、生态友好的高标准稻麦种植示范区。

四、拓宽资金来源，投入保障到位

南通市委、市政府高度重视高标准农田建设资金保障工作，以“工业反哺农业，城市反哺农村”的决策思路，在上级财政资金投入基础上，采取多轮驱动的投资模式，积极拓展资金来源渠道。2020年、2021年将高标准农田建设亩均投资标准提高到3 500元，2022年提高至4 000元。市、县积极调整财政支出结构，增加高标准农田地方财政支持力度。鼓励县级政府申报发行债券，专项融资投入高标准农田建设。同时，以资源换资金，创建新增耕地指标调剂机制。针对田间沟塘多、棚舍多、坟茔多，土地平整度差，耕地连片面积小，耕地增加资源潜力大的特点，在全省率先创新耕地占补平衡管理办法，充分挖掘高标准农田建设区域的新增耕地资源。市委、市政府要求各县（市、区）高标准农田建设增加不少于1%的耕地占补平衡指标，调剂给南通市区建设使用，并支付调剂费。目前，全市调剂费提高到28万元/亩，其中5万元/亩拨付给村组，其余的继续用于高标准农田建设。“十三五”以来，高标准农田建设调剂给市区耕地占补平衡指标达2万余亩，全市支付调剂费达50多亿元。

五、严格规范管理，质量建设到位

围绕提高项目建设质量，南通市先后出台高标准农田建设项目和资金管理办法、质量管理办法、建设参与单位信用行为管理办法、督查办法等一系列制度，全面推行专家评审、过程审计、群众监督、责任追究、第三方检测等措施，强化项目建设的全过程管理，确保建设质量。在设计阶段，做到方案新颖、科学合理，并注重应用新材料、新工艺和新设备。在建设阶段，通过招投标选择资质优、实力强的施工单位、监理单位、检测单位参与建设和监管，形成了月通报、季点评、年考核的工作推进机制，并邀请派驻纪检部门一道开展督查，确保质量和进度；在验收阶段，注重聘请第三方单位参与，发现问题及时解决，把严验收关。同时，全市将高标准农田建设项目工程纳入农村“五位一体”综合管理体系，制定明确的制度规定，保障建后管护工作落到实处，将固定资产全部登记移交给项目乡镇政府，明确管护主体和管护责任，市、县两级设立专项管护资金。南通市海门区先行设立了每年20元/亩的高标准农田管护资金列入财政预算，确保管护资金落实到位、管护责任落实到位、管护效果落实到位。

（江苏省南通市人民政府供稿）

浙江省绍兴市高标准农田建设管护经验

全方位　多层次　宽领域　扎实推进高标准农田建设

近年来，浙江省绍兴市深入实施藏粮于地战略，扎实推进高标准农田建设，截至目前，该市已累计投入财政资金约56.10亿元，建成高标准农田214.88万亩，建成面积占耕地总量（“国土三调”）的116.33%；永久基本农田中高标准农田占比达89.5%，居全省第一。

上虞区胡家埭粮食专业合作社机收水稻作业（浙江省绍兴市农业农村局提供）

一、全方位管理，高质量推进项目建设

（一）建立“一地一项一踏勘”评审机制

在工程总体布置初步完成后，每个县（市、区）选定一个项目区，专家咨询组会同当地所有设计人员进行现场踏勘，集中点评、集中指导、集中交流，提出优化建议。2021年，全市对当年立项项目开展集中踏勘6次，提出水源保障、灌排渠道、田间道路、土壤改良、施工组织设计等方面优化建议48条。在市级评审时邀请行业专家，采取现场踏勘结合内业评审的方式，对每个项目的初步设计文件和施工图开展评审，指导设计单位逐条进行缺陷整改，提出优化建议437条，设计方案编制质量明显提升，绍兴市2019—2021年实施计划连续三年列入省农业农村厅首批下达名单。

（二）实施“事前事中事后”全程管控

农田建设项目管理职责整合划入农业农村部门以后，绍兴市正式明确高标准农田建设项目参照水利工程进行管理，避免了管理体系多样化、质量控制不明确的问题。在项目实施过程中从源头管控工程质量，开工前委托第三方专业机构对即将开工的项目原材料进行取样检测，2021年共开展检测120批次，其中1批次水泥质量检测不合格已全部清退；开工后，组织人员对工程安全、质量、进度、资金情况，项目管理、监理、施工管理制度执行、台账建立情况等进行现场抽查，并对落实情况组织“回头看”，全市2020年立项项目监督检查问题整改完成率达100%，资料不齐全等问题发现率较往年降低40%。实施期间，建立健全项目月调度制度，动态掌握项目立项、实施、完工、审计、验收各阶段情况，2021年新立项的73个新建、改造提升项目当年完工率达31.5%，实施进度位于全省前列。

（三）严把“程序、内容、资料”验收关

明确验收程序，将项目完工验收合格和工程造价审计、项目竣工决算审计完成，作为县（市、区）项目竣工验收的必要前提。列好资料清单，梳理项目申报批复、招投标、实施管理、验收4大类资料，列出建设单位、监理单位、施工单位资料清单70大项。做好内容审核，邀请第三方专业机构对建设任务完成情况、工程建设质量管理情况、资金使用规范情况等8项内容进行达标检查，并由镇、县、市三级进行严格审核，确保项目工程数量达标、质量过硬、资料齐整。2021年4月，全市2019年立项的41个项目全部完成竣工验收，为全省完成率100%的唯一地市。

二、多层次保障，高标准实施项目管护

（一）画好高标农田“一张图”

按照高标准农田项目管理要求，做好上图入库工作。对完成验收的项目，严格按照规定做好档案收集和存档，及时上传项目面积和矢量数据、审批文件、实施进度、验收情况等，同时将项目区范围线的矢量数据移交同级自然资源和规划部门，按照永久基本农田进行保护。2019—2021年，全市131个新建项目100%录入全国农田建设综合监测监管平台。

（二）建好管护责任“一张网”

结合农村集体产权制度和农业水价综合改革，按照“谁受益、谁管护，谁使用、谁管护”的原则，建立健全高标准农田管护机制，明确工程管护主体，落实管护责任。2019年立项的41个项目竣工验收合格后，管护职责全部移交39个属地乡镇（街道）和地块所属171个行政村，形成乡镇（街道）牵总、行政村负责、农户（或承包户）具体落实的管护“三级体系”。

（三）管好专资专用“一本账”

在农业基础设施建设专项资金的基础上，配套辖区专项财政资金，保障高标准农田损毁修复专项资金。2021年7月第6号台风“烟花”来临期间，绍兴市第一时间印发《关于做好高标准农田（含粮食生产功能区）遭受自然灾害损毁修复的通知》，明确损毁修复范围和内容，用足用好高标准农田管护资金。2021年共实施高标准农田水毁修复工程17个，疏浚、修建渠道8.79千米，修建农田岸坡防护3.26千米，修建田间道路2.53千米，修复泵站6座，共使用管护资金1 043万元。

三、宽领域融合，高效率发挥项目示范

（一）夯实粮食安全“藏粮于地”

通过高标准农田建设，灌排渠道、田间道路得到新建和修缮，泵站和堰坝等提水设施得以增加，耕地地力水平明显提高，有效改善了农田基础设施和生产条件，增强了防灾减灾能力，粮食产出能力得到明显提高。2019—2021年，全市新建成高标准农田27.66万亩，亩均粮食产能提高超5%，年均增产粮食约1 390万斤。

（二）推动农业生产“机械换人”

高标准农田建成以后，土地集中连片流转，灌溉保证率在85%以上，田间通达率达95%，为扩大农业先进适用技术和机械化装备推广应用提供了作业基础。据上虞区种粮大户陈某良反映，其承包的600亩耕地实施高标准农田建设后，机械化水平较非项目区提高15 ~ 20个百分点，从节本、增效两个方面看，每亩耕地平均每年增收120元以上，每年合计增收约7.4万元。

（三）实现高效农业“三产融合”

以高标准农田为基础，借助良好的农田自然生态景观，开展农田生态保护修复，集成推广绿色高质高效技术，提升农田生态保护能力和耕地自然景观水平，打造集耕地质量保护提升、生态涵养和田园生态景观改善为一体的高标准绿色农田，在增加绿色优质农产品有效供给的同时，打造乡村旅游景区、休闲体验园区，促进三产融合发展。目前，绍兴市上虞区崧厦街道、诸暨市山下湖镇2个绿色农田建设项目将于2022年开工建设，建设面积5 079亩，计划总投资2 285.6万元。

上虞区崧厦街道祝温村高标准农田暨粮食生产功能区（浙江省绍兴市农业农村局提供）

（浙江省绍兴市农业农村局供稿）

湖北省恩施土家族苗族自治州以高标准农田撬动乡村振兴经验

高标准农田“五个一”模式撬动乡村振兴

湖北省恩施土家族苗族自治州（以下简称恩施州）位于云贵高原东延武陵山余脉与大巴山之间，境内绝大部分是山地，惯称“八山半水分半田”，受地形地貌的限制，农业现代化发展程度有限，乡村振兴任务重。近年来，恩施州聚焦农业高质高效、乡村宜居宜业、农民富裕富足目标，全面实施高标准农田建设，按照“建设一片高标准农田，发展一片特色产业，流转一片土地规模经营，引进一个市场主体，改善一片周边环境”的“五个一”模式，统筹推进“田土水路林电技管”综合配套，打造高标准农田项目建设示范区，全面提升农业基础设施条件和农业综合生产能力，为实施乡村振兴战略奠定了坚实基础。

一、建设一片高标准农田，激活乡村振兴“新引擎”

高标准农田建设是贯彻落实习近平生态文明思想、实施乡村振兴战略的重要手段，是提高土地利用率、提升耕地质量、促进民生改善的有力举措，已成为全州乡村振兴的新引擎、新动力。自2019年以来，全州稳步实施高标准农田建设项目80个，建设总面积85.41万亩，项目总投资13.98亿元，涉及141个乡镇412个村。截至目前，全州80个项目已全部完工。

利川市南坪乡五谷村项目区（湖北省恩施州农业农村局提供）

在项目实施中，全州结合丘陵山区实际情况，积极探索项目管理模式，不断完善制度体系，出台系列规章制度，打造具有山区特色的恩施模式。

（一）坚持高位推进落实

恩施州及县、市党委政府先后多次专题研究高标准农田建设，召开现场推进会。恩施州委、州政府领导多次现场调研、督办、暗访项目建设情况，并作出指示要求。州督查考评办将高标准农田建设纳入县、市党委政府年度目标考核和乡村振兴战略实绩考核。恩施州农业农村系统多次举办线上、线下培训，培训人数达1 200余人次。

（二）坚持高质量发展理念

一是坚持山水林田湖草系统综合治理，因地制宜、区域布局、整体推进。全州2020—2021年共建设16处“宜业宜居宜游”绿色农田创新建设示范区，核心示范面积达4.59万亩，覆盖16个乡镇24个村，示范区内投资1.19亿元。二是将高标准农田建设纳入乡村振兴发展规划的重点任务，以全州269个乡村振兴重点村为核心，优先布局已流转或有流转意向的、连片不小于50亩的耕地，聚焦田块整治和土壤改良，大力实施农田宜机化改造工程，提高农业机械化程度。三是坚持规划与“两区”划定、美丽乡村建设、产业发展等结合，在粮食、蔬菜等特色产业主要产区建设晒坝、烘烤房、气调库、农机具库棚、有机肥积造等配套设施，规划布局农业综合服务中心、农产品展示中心、农事体验中心等内容，配套建设集土壤墒情、地力肥力、环保、气象等为一体的综合观测点以及县域物联网中心等内容。

（三）坚持规范监督管理

在项目管理中，全州严格实行项目法人制、公示制、招投标制、监理制、建后管护责任制、农民工工资4项制度等“六制”管理。出台了《关于进一步加强和规范全州高标准农田建设管理的通知》《恩施州高标准农田建设项目竣工验收工作方案》等系列办法规定，全面规范项目规划编制、勘测选点、初步设计、过程质量管理、竣工验收、后期管护、督办考核。创新推行村民义务监督员制度，近两年来在项目所在村选取村民义务监督员达500余人次。

二、发展一片特色产业，打造乡村振兴“聚宝盆”

乡村振兴，产业兴旺是重点。用产业发展激活乡村“造血”功能，使农民迸发出无穷内在动力与蓬勃活力。全州将高标准农田建设与发展特色产业有机结合，将已建成的高标准农田发展成为特色产业基地的核心区和示范区，促进特色农产品基地建设，壮大农业产业集群发展规模。自2019年以来，全州在粮食生产功能区和现代农业园区建设高标准农田达28.56万亩，形成了高山水稻、富硒土豆、高山蔬菜等特色产业，建成特色产业基地81个，辐射带动特色产业23万亩，“三品一标”认证产品达62个，以“恩施土豆”为代表的特色品牌在全国范围内打响知名度，认证国家级、省级绿色食品、有机农产品基地和有机农业一二三产业融合发展园区19个。

来凤县大河镇白果树村作为绿色农田建设示范点，建设面积1 050亩，投资669.41万元，实施“田、水、路、林、技”综合配套。该项目与全村产业发展规划紧密结合，统筹推进全域国土综合整治，大力发展特色高效种植业，形成了以油茶、黄桃、绿茶为主的多元种植产业布局，建成油茶种植基地1 600亩、黄桃种植基地200亩、优质绿茶种植基地400亩。进一步夯实打造“一村一品”+“做大做强”村集体经济，形成主导产业，带动农民致富，为产业振兴打下坚实的基础。

三、流转一片土地规模经营，筑牢乡村振兴“土基石”

乡村振兴，“土地问题”是难点。全州将高标准农田建设与土地流转和适度规模经营有机结合，按照“先流转后建设，先整理后配套”原则，将碎片化零散耕地规模连片经营，提高土地利用率，实现了村民、集体、承包户三方共赢。自2019年以来，全州通过高标准农田建设新增耕地454亩，流转土地面积4.2万亩，覆盖农户2.2万户，土地利用率大幅度提高；流转土地全面实现规模化经营，增加就业机会6.9万人次，极大促进了农民增收。

利川市团堡镇四方洞村通过高标准农田建设，积极引入利川市旭昌农业有限公司，直接以500元/亩价格流转800亩，辐射周边2 500亩，覆盖农户350户，为当地农户提供就业机会5 000人次，年人均增收2 000元以上。

四、引进一个市场主体，鼓起乡村振兴“钱袋子”

乡村振兴，社会资本是助力。全州将高标准农田建设与市场主体培育有机结合，引导农业龙头企业、农业合作社、家庭农场、种植大户等新型农业经营主体参与高标准农田建设和经营，全面促进农业科技提升、农业发展方式转型升级和一二三产业融合发展。自2019年以来，全州共引进农业龙头企业74个、农业合作社186个、家庭农场101个、种植大户44个，各类主体投入项目建设资金达5 585万元，项目区直接受益农民年增收达1.44亿元。

巴东县土地平整（坡改梯）工程（湖北省恩施州农业农村局提供）

巴东县万顺种养殖专业合作社自筹资金120余万元参与野三关镇竹园淌村高标准农田建设项目建设，从85户农户中租赁土地1 100亩用于种植设施蔬菜（番茄），增加就业机会1 268人次，并取得了绿色食品认证标志，农户和专业合作社收入得到了极大提高。

五、改善一片周边环境，书写乡村振兴“新画卷”

乡村振兴，生态宜居是关键。全州将高标准农田与绿色生态田园有机结合，推进农田基础设施功能提升、耕地质量保护、生态涵养修复、农业面源污染防治和田园生态改善有机融合，推动美丽乡村建设和农村人居环境整治，使农民群众生产、生活条件和生态环境得到显著改善和提升，实现了百姓富、生态美的和谐统一。全州以稳定粮食产能为基础，已在65个乡村振兴重点村开展高标准农田建设，为乡村振兴蓄势赋能，为21个美丽乡村建设试点村解决了农田产出低、交通出行难等问题，为57个美丽乡村整治村解决了农田废弃物乱、污水处理难等问题。目前，全州已创建全国休闲农业与乡村旅游示范县2个、全国最美休闲乡村9个、全国乡村旅游重点村3个、省级休闲农业示范点22个，打造集休闲、观光、娱乐、民事体验于一体的田园综合体39个。

恩施市沙地乡黄广田村朱家坪生态休闲旅游观光园依托2020年高标准农田项目建设，成功吸引了恩施市梓煊旅游投资发展有限公司等2家企业参与。该项目在黄广田村实施土壤改良3 300亩；建设生态沟渠2.3千米、农桥2座、机耕道1.7千米，形成农田生态循环水网、路网；配套太阳能杀虫灯40盏、绿化带1.2千米、葡萄长廊1千米、观景台2座、晒场2 000平方米，构成具有观赏和民事体验特征的农田景观。该田园综合体的打造，美化了乡村环境，带动了乡村旅游，2021年观光游客8 000余人次，旅游及产业收入350万元。

（湖北省农业农村厅农田建设管理处、湖北省恩施州农业农村局供稿）

陕西省咸阳市高标准农田建设管护经验

高质量建设基本农田　筑牢粮食安全基石

民以食为天，食以粮为先，粮以地为本。陕西省咸阳市作为传统农业大市，总面积10 196平方千米，辖2市2区9县，耕地保有量430万亩以上，粮食种植面积稳定在500万亩以上，曾经是全国重要的商品粮基地。近年来，全市上下坚持以深化农业供给侧结构改革为主线，在统筹推进粮、果、畜、菜四大优势主导产业优化升级的同时，始终坚持把稳粮增产作为头等大事，深入推进藏粮于地、藏粮于技战略，加大高标准农田建设力度，全面实施绿色高效“吨粮田”保安工程，2021年建设完成高标准农田57.9万亩，创建“吨粮田”基地61.9万亩，平均单产1 051.2千克，“吨半田”小麦最高单产755.3千克，创小麦面积亩产新纪录，全年粮食产量达到178万吨，为实现粮食稳产增产奠定了坚实基础。

一、坚持规划为纲，定好“尺子”

建设高标准农田，做好规划是前提。按照《全国高标准农田建设规划（2021—2030年）》要求，坚持把高标准农田建设同国土空间、现代农业发展、水资源利用等规划衔接配套，谋划安排编制高标准农田建设规划，确保规划编制更规范、更科学、更系统。

（一）与国土空间规划相统一

按照《国土空间规划》统筹划定落实耕地和永久基本农田、生态保护红线、城镇开发边界三条控制线的要求，合理规划布局南部灌区小麦玉米一体化协同种植区、旱腰带旱作农业过渡区、渭北旱塬高产春玉米种植区创建高标准农田任务，确保将耕地保有量和永久基本农田保护任务足额规划安排到位，为建设高标准农田提供有力的规划支撑。

（二）与各类专项规划相衔接

按照全市现代农业产业布局和水资源利用规划要求，一方面统筹全市现代农业发展规划，严格落实耕地利用优先序，对在永久基本农田和高标准农田种植林果、苗木、草皮等经济作物的，逐步恢复种粮或置换补充，引导新发展林果业上山上坡，不与粮争地，确保粮食种植面积只增不减；另一方面统筹全市水资源利用规划，依托东庄水库、亭口水库、引汉济渭等重大水利工程和泾惠渠等重大水利灌溉设施，合理规划高标准农田建设规划，做到因水定田、因水定产，实现水资源利用与高标准农田建设协同推进。

（三）与国家建设规划相配套

按照《全国高标准农田建设规划（2021—2030年）》要求，紧扣高标准农田建设的田、土、水、路、林、电、技、管等八个方面内容，组建规划编制工作专班，落实政府领导、部门协同、专家指导、公众参与的规划编制工作机制，制定规划编制工作方案，深入调查研究，加强分析论证，高起点、高标准、高质量开展规划编制工作，为推进高标准农田、保障粮食安全提供坚实保障。

二、坚持质量为本，建好“样子”

建设高标准农田，质量是根本。聚焦高标准农田主要涉及的田、土、水、路、林、电、技、管等八个方面目标，结合全市产业、水利、耕地、生态等资源禀赋条件，以开展“建良田、用良种、施良方、护良态”四位一体高标准示范创建行动为载体，集中力量建设集中连片、旱涝保收、节水高效、稳产高产、生态友好的高标准农田。

高标准农田建设项目区（陕西省咸阳市农业农村局提供）

（一）建设良田

积极开展高标准农田、农田水利、土地整理和粮食生产功能区建设，将建设指标优先用于高标准农田和“吨粮田”建设，保障“吨粮田”配套设施和建设标准。粮食生产功能区支持项目重点保障“吨粮田”建设，把粮食生产功能区加快建成“一季千斤、两季一吨”的高标准粮田。通过新建和改造提升，到2025年力争80万亩“吨粮田”全部配套建成高标准农田，生产区田、土、水、路、林、电、技、管等得到综合治理，生产基础设施明显改善，生产条件有效提高，粮食综合生产能力大幅度提升。

（二）推广良种

加强种质资源保护和利用，依托毗邻科研院所优势，以咸阳市农业科学院和育种企业为主体，积极培育一批“育繁推一体化”种业优质企业，加快培育有自主知识产权的稳产、高产、优质、抗病性强的新品种。加大优质小麦繁育基地和南繁玉米种子基地建设，提升基础设施和良种加工、烘干、仓储等水平。强化品种区域布局指导，加快育成品种和引进品种的试验、示范和推广步伐，确保“吨粮田”基地良种覆盖率达到100%，带动全市主要粮食作物良种覆盖率达到97%以上。

（三）用好良方

总结推广适用于小麦、玉米等粮食作物的种植方式，在全市高标准农田建设示范区大力推广小麦“一优二改双控”、玉米“一增三改一防”技术模式，实现产量和效益双提升。加快小麦、玉米等主要粮食作物耕、种、收、管全程高效机械化技术集成与示范，促进农机农艺有机融合，到2025年高标准农田和“吨粮田”产区率先实现粮食生产全程机械化，带动全市主要粮食作物耕种收综合机械化率稳定在95%以上。加快培育粮食生产大户、家庭农场、专业合作社（联合社）和社会化服务组织等新型粮食生产经营主体，发展多种形式适度规模经营，推进代耕代种、统防统治、土地托管等农业生产社会化服务，促进土地、资金、技术、劳动力等生产要素的合理流动和优化组合，推动粮食生产向管理标准化、经营产业化、效益规模化方向发展，力争规模经营主体单产水平高出大田5%以上。

（四）保护良态

以绿色发展为导向，深入开展高标准农田质量提升、化肥减量增效行动，通过增施有机肥、实施秸秆还田、开展测土配方施肥等技术，提高土壤有机质含量，平衡土壤养分。大力推广深松翻及保护性耕作，增强土壤保水保肥能力，控施化肥农药，切实做好耕地质量保护、建设和管理。在高标准基本农田和“吨粮田”建设区进行肥效试验，根据统计分析结果调整作物施肥配方，确保测土配方施肥技术覆盖率、配方肥应用率达到100%。抓好2 ～ 3个土壤长期配肥高标准农田示范区建设，力争到2025年示范区样板田耕地质量提升0.5个等级，高标准农田土壤有机质含量保持在1.3%以上。

三、坚持以粮为基，筑好“底子”

高标准农田是保障粮食安全的基石，必须认真落实国家“永久基本农田重点用于粮食生产、高标准农田原则上全部用于粮食生产”部署要求，聚焦“良田粮用”，把粮食种植任务足额带位置逐级分解下达，具体到村到田块，签订目标责任书，确保粮食种植面积逐年递增。

（一）推进南部灌区小麦玉米一体化协同种植

以南部5个产粮大县为重点，开展小麦玉米一体化“吨粮田”建设，在2021年完成近60万亩“吨粮田”任务的基础上，到2025年计划建成“吨粮田”80万亩，其中兴平市13万亩、武功县15万亩、泾阳县17万亩、三原县17万亩、乾县18万亩。同时，积极组织开展亩产“吨半田”创建试验示范，探索单位面积产量更加提升的有效方法路径。

（二）推进旱腰带旱作农业过渡区高效种植

以泾阳、三原、乾县、礼泉4县北部旱腰带地区为重点，大力推广抗旱品种，强化蓄水补灌设施，积极探索小麦节水高产集成技术，有补灌条件的地区，加强近水源地区渠道修建，扩大灌溉面积，鼓励增加玉米和大豆种植面积，提高复种指数和单位面积产量，在2021年完成旱腰带高产示范田1 000亩的基础上，力争2025年发展到5 000 ～ 10 000亩。

（三）推进渭北旱塬高产春玉米种植区科学种植

以北部5县为重点，开展旱作高产春玉米“吨粮田”试验示范，通过技术集成带动旱地春玉米单产提升。同时，积极探索“小麦+小杂粮”高产种植模式，提升单位面积粮食产量。在2021年创建1 000亩“吨粮田”核心攻关田的基础上，到2025年计划创建2万亩“吨粮田”试验示范区。

四、坚持管护为要，守好“根子”

高标准农田“三分靠建，七分靠管”。坚持把管护好高标准农田作为根本任务，积极总结探索易操作、能管用、可推广的高标准农田建后管护方式，确保高标准农田保障粮食生产的功能得到充分发挥。

（一）落实“田长制”管护

耕地集体所有，最终要靠村集体管护。通过落实村委会或村集体“田长制”管护机制，由村支书或村委会主任作为“一级田长”负责组织开展高标准农田建后管护工作，及时掌握农田设施运行情况，督促开展建后管护工作。村党支部或村委会其他班子成员作为“二级田长”负责不定期巡查检查，做好设施日常管理，保障工程正常使用，引导农民珍惜农田设施。专职管护队员作为“三级田长”负责每周巡查项目区，记录工作台账，修复损毁设施。村委会或村集体每月向专职管护队员支付劳动报酬，对损毁设施工程量及工程概算进行审核，通过村集体经济筹集维护费用，管护支出向全体村民公布，保障管护支出公开透明规范。

（二）创新经营主体管护

通过对耕地实施平整建设，将细碎田块规整为规则田块，并配套水、电、路、技等设施，吸引粮食生产大户、家庭农场、专业合作社（联合社）和社会化服务组织等新型粮食生产经营主体对高标准农田进行流转。在项目区村委会与生产经营主体签订承包协议的同时，签订高标准农田工程管护协议，由经营主体履行农田设施管护责任，组织成立管护队伍，承担维护维修相关费用，确保项目区农田设施处于良好运行的状态。

（三）采取行业协会管护

对于整镇整村实施的高标准农田建设项目，根据项目区功能定位，由县、镇、村具有专业资质的农机协会、农药协会、水利协会等行业协会开展高标准农田建后管护工作。协会按时收取会员会费，并从会费和水费中抽取一定比例资金用于工程设施的维护维修，保障设施正常运行。同时，行业协会公开招聘从事农作物种植、责任心较强、文化水平较高的村民，作为农田设施专职管护人员，管护人员负责定期开展巡查，记录报告损毁情况，及时完成修复任务。县镇农业农村部门负责指导监督协会切实落实管护责任，做好项目区管护工作。

（四）吸引第三方机构管护

按照有关法规和制度，通过政府购买服务的方式，选择资质可靠、技术过硬、责任心强、信誉良好的第三方机构参与农田设施管护工作。借助专业建筑公司、农业投资公司等第三方机构的运营管理经验，以及人才、技术、资金、设备等方面优势，开展全方位管护，实现高标准农田建后管护工作的市场化运作。

（陕西省农业农村厅供稿）

安徽省濉溪县以高标准农田撬动乡村振兴经验

紧扣“两个要害”筑平台　提升“三个体系”促发展

安徽省淮北市濉溪县作为全国重点产粮大县和重要的农副产品生产基地，“十四五”开局之年，深入学习贯彻习近平总书记关于“两个要害”重要论述，认真落实党中央、国务院及省委、省政府决策部署，以保障粮食和重要农产品有效供给为目标，围绕提升农业产业体系、生产体系和经营体系现代化水平，统筹资源，开展高标准农田示范区建设助力乡村振兴探索实践，取得了阶段性成效。

一、聚焦“两个要害”，提升站位谋思路、定目标

围绕农业高产高效，聚焦“两个要害”指示，谋思路、编规划、定目标。

（一）高站位谋划工作思路

坚持以习近平新时代中国特色社会主义思想为指导，深入学习贯彻习近平总书记关于种子和耕地“两个要害”重要论述，精准把握党的十九届五中全会、中央1号文件部署要求，全面贯彻落实新发展理念，以保障国家粮食安全为首要目标，以实施乡村振兴战略为统领，按照高产、优质、高效、生态、安全的总体要求，进一步转变农业发展方式，突出高端特色品牌农业建设，实施区域化布局、标准化生产、产业化经营、品牌化运作、现代化装备，打造集先进性、示范性、经济性、创新性于一体，特色鲜明的高标准农田现代农业示范区，示范引领区域农业和农村经济跨越式发展。

（二）高起点编制建设规划

坚持从“四化同步”同步发展推进皖北乡村振兴的大局，站位农业高质量发展，立足资源禀赋，按照“一年打基础，三年见成效，五年大发展”的总体要求，科学编制现代农业示范区概念性规划，实现“塌陷区改造+水产业生态综合利用模式”“物联网+农产品可追溯模式”“多功能循环农业+景观模式”“互联网运营+绿色产品认证模式”现代农业要素的有机融合。按照体系配套、布局合理、适度超前的原则，科学制定大田作物、经济作物、水产养殖、养殖业及综合配套5类产业专题规划，形成种类齐全、综合配套、内涵丰富的示范区产业规划体系。

（三）高标准确立目标定位

全面贯彻新发展理念，拉高标杆确立示范区建设总体目标和功能定位，着力打造区域现代农业发展的重要支点、现代农业提升的样板区域、乡村振兴的试点示范中心。围绕粮食主导产业，坚持点线面结合，进一步调结构、转方式，打造良种繁育、优质专用粮食生产、水产生态养殖、休闲渔业旅游等主导产业，实现“五化六提高”（示范区实现种植区域化、生产标准化、经营产业化、产品品牌化、效益最大化；示范区粮食产量、农业综合生产能力、农业产业化经营水平、科技支撑作用、种植效益、农民收入水平显著提高）。落实农业绿色发展理念，以高标准农田为载体实现多功能循环农业，达到节水、节肥、节能、绿色防控目标。

二、围绕“三个体系”，立足禀赋探路径、做示范

围绕农村宜居宜业，聚焦“三个体系”提升，筑平台、聚要素、促发展。

（一）高标农田搭平台，筑牢产业发展基础

坚持聚焦粮食主导产业，重点突出大田作物、水产养殖、经济作物、畜禽养殖等多元产业，推动三产融合。以1万亩高标准农田项目区为平台，整合农业产业发展、人居环境整治、采煤沉陷区矿山地质环境治理等项目，构建以良种繁育和优质专用小麦为主导的产业体系，建设300亩果蔬基地、200亩稻虾共养基地，治理采煤塌陷坑水塘7口，建设500亩休闲垂钓区，同步发展休闲观光农业、改善农村人居环境。充分利用路边沟渠及道路沿线资源栽植刺槐树、黄花菜、菊花等绿植，美化人居环境，增加村集体收入，推动产业融合发展。

（二）科技应用强支撑，推动生产转型升级

采用工程技术措施，归并整理田块，完善田间道路，配套畅连水系，示范区农田作业机械化率达到100%。采用先进的BIM技术、农业数字化、物联网等前沿技术，建设示范区农业数字化云平台（包括农林小气候信息自动采集系统、农林生态远程实时监控系统、大田“四情”监测预警系统、区域高标准农田建设数字化管理系统），为种植户构建数字化、信息化智慧管理，实现全程管理智能化。成立示范区农业专业合作社，依托中化现代农业有限公司技术支撑，实现全流程生产标准化，推动现代农业产业整体提质增效，带动三产融合发展。

（三）新型主体作引领，提升经营体系水平

引进中化现代农业有限公司，带动11个种粮大户（合作社）组建优质粮食农业产业化联合体，按照“六统一”模式（统一土地组织、技术方案、机械作业、金融保险、烘干收储、品牌打造），集中流转经营示范区1万亩高标准农田，建立覆盖全程、便捷高效的农业生产全程社会化服

濉溪县五沟镇高标准农田建设项目区（安徽省濉溪县农业农村局提供）

务体系，全面实行规模化经营、标准化生产，培育优质粮食品牌营销体系，构建“育繁推一体化”的现代种业体系。

三、构建“四项机制”，保障发展提绩效、惠民生

围绕农民富裕富足，聚焦“四项机制”建立，统资源、提绩效、惠民生。

（一）工作推进机制

为有序高效推进示范区建设，淮北市及濉溪县均成立了政府分管领导任组长，财政、农业、水利、五沟镇政府主要领导为副组长，发改、科技、国土等部门为成员单位的示范区建设工作领导小组，加强组织领导，统筹资源要素，凝聚建设合力。领导小组办公室设在农业农村局，全面负责示范区建设组织、协调和管理工作。五沟镇政府成立示范区建设指挥部，具体负责推进示范区建设落地见效。

（二）资源整合机制

按照“先流转、后规划、再建设”的思路，结合“小田变大田”改革试点，将1万亩耕地集中流转，统一规划建设规模连片的高标准农田。坚持规划统领，推动农业、水利、交通、电力等部门资源要素向示范区聚集。目前，共整合各类项目资金7 697万元，其中高标准农田建设资金4 500万元，农业产业发展、美丽乡村、人居环境整治等项目资金589万元，采煤沉陷区矿山地质环境治理项目资金908万元，镇政府现代农业建设资金1 700万元。同时，积极引导社会资金投入，通过招商引资引进中化现代农业有限公司投资近2 000万元参与示范区建设运营。

（三）利益共享机制

按照“农民收入增加、集体经济壮大、企业盈利发展”思路建立健全利益共享联结机制。农民承包地租金由建设前600元/亩增加到1 000元/亩，人均增收800元。村集体通过统一流转土地，新增有效耕地面积747亩的租金74.7万元，为中化现代农业有限公司提供服务收入9.5万元，新增鱼塘、闲置房屋等集体资产承包租赁收入16万元，2021年实现村集体经济收入100余万元。产业化联合体通过“六统一”规模经营，亩均节本增效近300元，为企业持续运营和示范带动现代农业发展提供稳定盈利收入。同时，村集体按照“三变改革”要求，将集体资产量化到农户，建立收入分红机制，并为全村60岁以上老人统一购买医疗保险，防止因病返贫，让村民共享发展成果。

（四）运营管护机制

按照“谁受益、谁管护，谁使用、谁管护”原则，探索建立农田建设工程运营管护机制。公益性资产明确村集体为管护主体，通过设立公益性岗位，由村集体负责基础设施的管理管护；生产性资产明确中化现代农业有限公司和种粮大户为管护主体，负责承包区域的工程运营管护；经营性资产明确由村集体成立的濉溪县庙前村集体经济股份合作社为管护主体，负责鱼塘经营管理及洋槐树、黄花菜种植经营等。通过分类分策运营管理，确保农田建设工程持续长久发挥效益。

（安徽省濉溪县农业农村局供稿）

福建省浦城县农田建设数字化管理经验

创新机制　推动农田建设数字化管理

福建省认真落实农业农村部关于加快建成农田建设“一张图”和监管系统的要求，着力解决农田建设管理存在的数据不共享、底数不清晰、管理凭经验、应用不充分等影响高质量发展的问题。2021年初，省农业农村厅精准发力、创新机制，委托福建省地质测绘院遥感中心，利用遥感、大数据分析等现代信息技术，在浦城县开展农田建设数字化管理试点，经过半年多的有效试点，研发推出浦城县农田建设数据资源管理系统（简称“数字农田”），初步实现农田建设统一、精准、高效的数字化管理，有效破解了难点、堵点，推进了农田建设高质量发展。

一、试点主要做法

（一）数据资源建设

协调打破浦城县农业农村局与自然资源、水利等部门的数据壁垒，组织收集相关基础数据。按照统一的数据标准，经数据梳理、要素抽取、整理整合、图面处理与切片、质量检查等技术处理后形成本项目空间数据库，并建立数据更新机制。基本建成浦城县标准权威、统一管理的农田建设数据资源体系。

（二）管理平台研发

“数字农田”平台包括电脑端和移动端两种应用模式，服务县乡两级农田建设管理部门、村

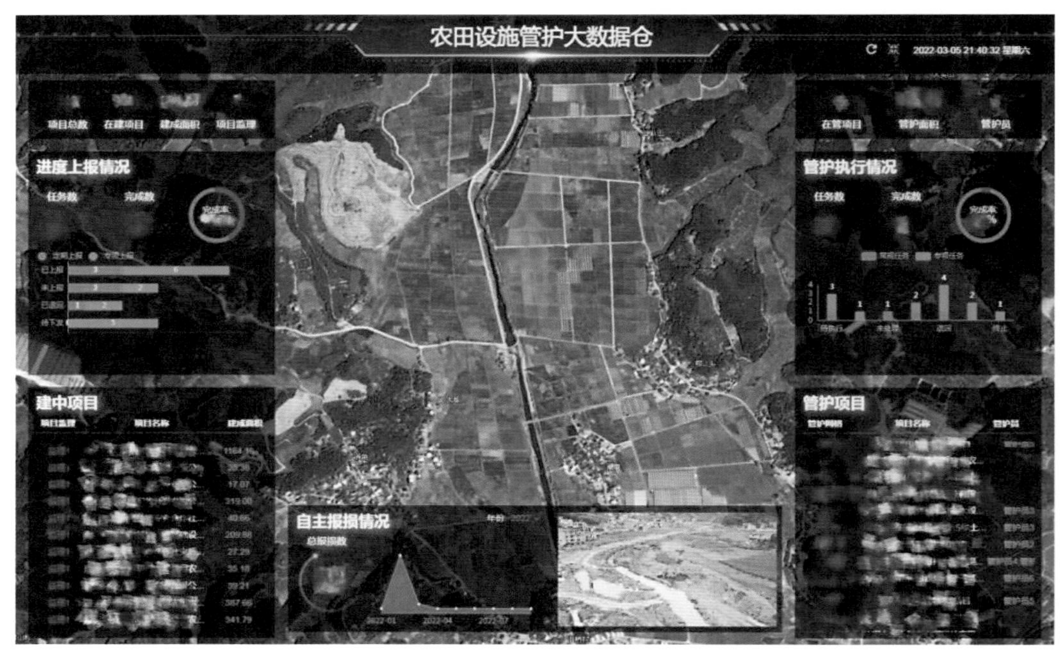

“数字农田”平台（福建省南平市浦城县农业农村局提供）

级管护人员和监理人员开展农田建设相关工作。**一是研发以图管田模块**，实现各类专题图的快速切换，直观展示历年高标准农田建设成果和现状可建耕地资源的空间分布、业务属性信息，支持对高标准农田项目进行模糊查询和定位。**二是研发建前规划模块**，辅助挖掘地块旱改水提等潜力、新增耕地潜力，提供项目合规性一键分析功能，为农田建设项目规划、选址提供智能化审核助手。**三是研发建中管理模块**，在线监管人员定期在项目现场采集的施工过程影像资料、资金使用和建设进度。**四是研发建后管护模块**，建立管护网格，远程监督管护人员定期开展巡田工作，跟踪巡查发现的问题，确保处置到位。**五是研发灾损保险模块**，管护人员可上传具有空间防伪属性的灾损照片，实现自主报损。支持接入卫星、无人机等多尺度的遥感监测成果，提升大面积灾毁报损效率，降低定损成本。灾损维修、赔付后，经现场验收并上传固化至平台留痕后，实现流程闭环。**六是研发汇总统计模块**，自动提取反映建前规划、建中管理、建后管护、灾损保险等工作成效的关键指标信息，为县乡两级农田建设管理部门在线监测、实时统计、回溯评价辖区相关工作提供数据支撑。

（三）灾损遥感监测

发挥福建省卫星应用中心多时相、较高分辨率国产卫星遥感影像资源优势。根据灾害发生位置，对灾前灾后遥感特征进行对比，提取受灾区域及受灾等级，开展区域受灾情况分析。助力灾损保险工作实现科学定损、赔付有据，为农业保险高质量发展提供技术支撑与保障。

滑坡冲毁农田前后对比影像（福建省南平市浦城县农业农村局提供）

二、取得主要成效

浦城县综合运用航空航天遥感、卫星导航定位、地理信息系统、移动通信等现代信息技术手段，构建天空地一体的立体化监测监管体系，打造覆盖农田建前规划、建中监管、建后管护和灾损保险全过程、多要素、多环节、网格化的“数字农田”平台，系统实现了随时随地查家底、做分析、助管理，为粮食生产功能区、耕地保护管理和高标准农田项目建前规划选址、建中管理、建后管护、灾损保险提供数字化管理手段，实现高标准农田建设的有据可查、全程监控、精准管理，做到了管田有图、巡田有效、护田有痕、考评有据，为提高福建省农田建设管理治理能力和治理体系现代化水平提供了可复制、可推广的实践经验。主要取得以下五点效果。

（一）实现带图管理

以福建省卫星应用中心多时相卫星遥感影像为基础，叠加高标准农田建前、建中、建后等全过程数据，融合自然资源、水利部门相关涉农数据，建成农田建设数据资源库，实现辖区农田资源的全要素、空间化有效管控。

（二）辅助建前规划

基于农田资源空间数据，准确掌握新增耕地潜力区、旱改水提等潜力区、未建高标准农田的耕地和粮食生产功能区等可建资源。定制一键式分析功能，从水稻功能区优先、生态红线管控、耕地质量、坡度等级、重复建设等维度分析土地现状、审核项目合规性，将高标准农田立项审查的要点细化、量化、规则化，有力支撑农田建设项目选址立项、勘察设计、申报评审等工作。

（三）服务建中管理

充分发挥移动平板便于携带的优势，在高标准农田项目实施、检查、竣工验收等工作中，实现随时随地浏览、查询项目建设内容、设计平面图和相关附件。规范标准化项目监理工作，通过平台按时上报项目建设进度、资金使用情况和各单项工程关键施工节点的影像资料，强化农田建设项目实施过程管理效能。

（四）落实建后管护

划分管护网格，明确管护职责，建立数字化、常态化的管护机制。依托平台开展并监管各项目的管护利用情况，记录日常巡查、冬修水利、工程设施维护等现场工作轨迹，支持上传带有坐标、方位角等防伪属性的现场照片和相关信息，全面提高农田建设项目建后管护水平。

（五）创新灾损保险

通过数字化平台与卫星、无人机等多源遥感监测技术的深度融合，探索按图承保、依图理赔的灾损保险新模式。在线管理报损、维修、验收、赔付等全过程，实现承保理赔信息的关联空间验证，做到精准处置，提高农业保险监管和数字化水平。

三、存在主要问题

由于试点工作时间短，全面推动农田建设数字化管理工作尚存在一些问题，主要有以下四点。

（一）尚未形成县级统一规范的农田建设数据资源体系

县级农田建设管理涉及数据类型众多、数出多门，包括耕地、永久基本农田、生态红线等自然资源部门管理数据，河道岸线等水利部门管理数据，以及省卫星应用中心多时相卫星遥感影像数据。上述数据在技术标准、管理方式上存在差异，部门间的数据壁垒暂未完全打破。

（二）尚未实现农田建设全过程数字化管理

浦城县农田建设管理部门缺少专业技术人员，在农田建设建前规划选址、建中管理、建后管护工作开展应用数字化管理平台水平有待提升。灾损保险承保理赔方式传统，融合引入数字化、空间化手段支撑科学定损、精准理赔等仍有待加强。

（三）全省推广应用有待加快

虽然省农业农村厅于2021年8月6日印发《福建省农业农村厅关于推广借鉴“数字农田”创新举措的通知》，要求加快在全省推广应用“数字农田”系统，推动县级抓紧创建，尽快建成县级“数字农田”系统。但到2021年底，全省县级“数字农田”数字化管理完成率才达到60%。

（四）全省统一的“数字农田”管理平台系统尚未建立

省级和设区市级尚未建立“数字农田”管理平台，同时，平台功能有待拓展。

下一步，福建将加快“数字农田”在全省推广应用的步伐，在2022年6月30日前完成全省县级“数字农田”系统创建应用工作。进一步完善升级拓展“数字农田”管理系统功能，将高标准农田项目区用途管控、抛荒地复垦、耕地地力监测提升等列入管理系统，加快研发升级全省统一高效的“数字农田”管理平台，适时对接全国高标准农田监测监管平台，为全省农田建设的高质量发展提供数字化管理支撑，全面提高福建省农田建设数字化管理水平。

（福建省农业农村厅农田建设管理处、福建省南平市浦城县农业农村局供稿）

山东省商河县以保险保障农田管护经验

牵手保险　为高标准农田保驾护航

自2019年起，山东省商河县已新建高标准农田31.8万亩，2022年还将新建高标准农田13.8万亩。高标准农田建设有效解决了农田灌排系统不配套、抗灾防灾能力弱、农田环境乱等问题，为改善当地农业生产条件、提升耕地质量、推进粮食产能不断提高、增加农民收入发挥了重要作用。“三分建，七分管”，长期以来，高标准农田建后管护一直按照“谁受益、谁管护，谁使用、谁管护”的原则明确工程管护主体，拟定管护制度，落实管护责任。后期管护工作主要由乡镇人民政府、村委会或者种植大户、家庭农场等生产经营主体进行，但受管护措施和手段薄弱、管护经费难筹措、管护人员不专业等问题影响，管护难的问题已严重影响了高标准农田工程设施长期发挥效益。

为解决这一难题，山东省农业农村厅、财政厅及银保监会山东监管局联合下发《关于开展高标准农田建设工程质量保险试点的通知》，为建后管护指出了一条新路子。商河县农业综合开发服务中心勇于先行先试，积极探索高标准农田管护保险模式。在济南市农业农村局的全力支持下，经与多个保险机构、镇村管护员、群众代表进行数次调研讨论，制定了《商河县管护保险实施方案》，决定选择2019年、2020年9.7万亩高标准农田项目区先行试点管护保险工作。经招投标，商河县农业综合开发服务中心于2021年12月与中国人民财产保险股份有限公司济南市分公司签订了济南市第一单高标准农田质量保险合同。

商河县高标准农田质量保险签约仪式（山东省商河县农业综合开发服务中心提供）

合同中约定，保险机构对商河县9.7万亩高标准农田所建机井、桥涵、道路、农田输配电、林网等价值1.3亿元的全部设施进行保险管护，保险期为5年。保险期内，只要工程设施出现损坏，均由保险机构进行赔付或维修。保险机构采取“村协管员+日常管护队+专业维修队”模式进行管理，村协管员负责对本村内工程进行日常检查，发现损坏及时向保险机构报告；日常管护队负责日常巡视检查，按期对泵站、机井、闸门等设备进行保养维护；专业维修队负责对出现损坏的工程设施进行及时维修。保险机构执行365天、全天24小时的全天候接报案制度，并在全县各镇街设立理赔服务部门，接到群众报损后，保险机构理赔服务小组在第一时间与报损人联系并赴现场，将有关情况及时通知施工单位，协助施工单位及时进行修复，确保受损设施尽快恢复正常运转。

高标准农田管护保险模式明确了管护责任，撬动了社会资本，有望有效解决管护难的问题。但作为一项新的管护模式，在实际运行过程中肯定会遇到各种困难，因此为切实把管护保险这一新的管护模式做到实处、落到细处、干到精处，并见实效、结硕果，还应在以下几点上下足“绣花”功夫，做好精准文章。

一是项目乡镇政府要履行好工程的运行和理赔报案工作。工程的损坏维修今后由保险公司负责，但工程的运行使用管理特别是机井、泵站工程的运行使用仍由乡镇政府委托相关村委会进行管理。因此，乡镇政府必须要高度重视工程的运行管理工作，要将工程设施的运行管理落实到人，同时明确运行管理人员也是报损人员，进一步建立健全监督管理机制，对运行管理人员形成约束力，确保高标准农田工程有人建、有人用、有人管、有人修。

二是商河县农业综合开发服务中心作为业务主管部门责无旁贷，必须强化监管。工程管护不能完全依赖一“保”了事，要通过采取定期与不定期相结合的方式进行现场查看、实地走访，对相关乡镇的高标准农田运行管理情况、保险机构的维修维护情况进行了解、督促、监督、管理，推动高标准农田质量保险能够真正走深走实，见行见效。

三是保险机构要树牢诚信理念、契约精神，切实履行合同和方案。按照相关约定及要求，加强人员、机械力量配备，组建队伍，做好巡查，对报损的工程抓紧处理，对出现问题的设施及时维修，确保建成的工程能用、好用，群众会用、愿用，真正发挥高标准农田的长期效益。

四是进一步探索质量保险“一条龙”模式。从工程施工阶段就让保险机构介入，从监理工作着手，强化对工程建设阶段的管理。同时，让保险机构组织专业人员参与工程验收，解决监理人员职责履行不到位、隐蔽工程质量缺陷后期难以发现、出现问题责任难界定等问题，从而为高标准农田施工过程、竣工验收、建后管护提供全周期的风险管理服务。

良好的开始是成功的一半，高标准农田质量保险为助力高标准农田建设迈出了坚实的一大步，是创新之举、务实之策、长远之方。商河县农业综合开发服务中心会扎实推进试点，认真总结经验，为全省探索高标准农田建后管护工作开好路、起好步，着力打造济南市高标准农田建设“标杆”，争当山东省高标准农田建设“排头兵”，为全省高标准农田建设提供“商河经验”。

（山东省商河县农业综合开发服务中心供稿）

大　事　记

2021年大事记

1月12日，农业农村部党组成员、副部长刘焕鑫主持召开国际合作项目专题会议，会见财政部国际财金合作司副司长一行，听取农田建设管理司国际合作项目阶段性工作汇报，部署下一步国际合作工作。农田建设管理司主要负责同志陪同参加会谈。

1月14日，农业农村部办公厅印发《关于2019年度公文质量建设评比情况的通报》（农办厅函〔2021〕7号），农田建设管理司荣获公文质量建设先进司局。《中华人民共和国农业农村部令2019年第4号（农田建设项目管理办法）》（农业农村部令〔2019〕4号）获优秀公文一等奖，《农业农村部报请审定〈关于切实加强高标准农田建设提升国家粮食安全基础保障能力的意见（送审稿）〉的请示》（农请〔2019〕76号）获优秀公文三等奖。

3月3日，农业农村部在京召开全国高标准农田建设推进视频会，农业农村部副部长刘焕鑫出席会议并讲话。会议强调，要认真贯彻落实习近平总书记重要指示精神和党中央、国务院决策部署，深入实施藏粮于地、藏粮于技战略，加快推动实施新一轮高标准农田建设规划，高质量推进全年高标准农田建设工作，坚决完成1亿亩建设任务，确保"十四五"高标准农田建设开好局、起好步。

3月13日，农业农村部印发《高标准农田建设质量管理办法（试行）》，办法旨在加强高标准农田建设质量管理，推动农田建设高质量发展，明确高标准农田建设项目实行项目法人责任制、招标投标制、合同管理制等制度，对项目储备库质量管理、立项质量管理、实施质量管理、建后质量管理、质量监督等方面提出了明确要求。

3月16—19日，国际农业发展基金驻华代表马泰奥（Matteo Marchisio）率队对国际农业发展基金贷款优势特色产业发展示范项目开展实地检查。

4月30日，国务院办公厅印发《关于对2020年落实有关重大政策措施真抓实干成效明显地方予以督查激励的通报》（国办发〔2021〕17号），对2020年按时完成高标准农田建设任务且成效显著的黑龙江省、安徽省、河南省、四川省、甘肃省予以督查激励，在分配2021年中央财政资金时予以倾斜支持，用于高标准农田建设。

5月，全国人大农业农村委员会启动了黑土地保护法的研究论证和草案起草工作，农田建设管理司直接参与黑土地保护立法实地调研、法条起草等工作。

5月27日，全国政协人口资源环境委员会副主任一行来访，针对“加强黑土地保护”工作开展调研。农业农村部副部长张桃林参加，农田建设管理司主要负责同志陪同。

6月4日，全国黑土地保护现场会在黑龙江省绥化市召开。中共中央政治局委员、国务院副总理胡春华出席会议并讲话。会议要求，深入贯彻习近平总书记重要指示精神，按照党中央、国务院决策部署，把黑土地保护作为一件大事来抓，进一步明确目标、实化举措、强化统筹，切实用好养好黑土地。

6月18日，农业农村部办公厅印发《关于2020年高标准农田建设综合评价结果的通报》，对2020年高标准农田建设评价激励排名靠前的黑龙江、安徽、四川、河南、江苏、广东、江西、甘肃、湖南、山东等10个省份予以表扬，对工作成效不够理想的3个省份予以通报批评。

6月30日，农业农村部、国家发展和改革委员会、财政部、水利部、科学技术部、中国科学院、国家林业和草原局联合印发《国家黑土地保护工程实施方案（2021—2025年）》，明确“十四五”时期东北黑土地保护目标任务、实施内容和分区保护重点。

7月12—16日，农业农村部副部长张桃林陪同全国政协领导赴吉林省开展黑土地保护调研，了解吉林省黑土地保护实施情况及经验。农田建设管理司主要负责同志陪同参加调研。

7月13—14日，亚洲开发银行驻中国代表处首席代表冯幽兰（Yolanda Fernandez Lommen）女士实地考察贵州省江口县、松桃县和碧江区亚洲开发银行贷款农业综合开发长江绿色生态廊道项目建设情况，对项目建设给予充分肯定。农田建设管理司负责同志陪同参加调研。

7月22—23日，黑土地保护利用国际论坛在吉林长春召开，论坛围绕黑土地与粮食安全、黑土地多功能性与可持续发展、保护性耕作等议题开展深入研讨。农业农村部部长唐仁健发表视频致辞，副部长马有祥主持开幕式并讲话。农田建设管理司主要负责同志参加有关活动。

7月26日，农业农村部办公厅印发《农业综合开发国际合作项目执行管理评价办法（试行）》，将项目实施计划内容指标化，分级压实责任，督促地方加快项目进度，提高项目建设成效。

8月20日，农业农村部办公厅印发《农田建设工作纪律“十不准”》，完善农田建设廉政管理制度，防范化解建设风险，确保农田建设项目安全、资金安全、队伍安全，营造风清气正的农田建设工作环境。

8月27日，国务院印发《关于全国高标准农田建设规划（2021—2030年）的批复》（国函〔2021〕86号），批准实施《全国高标准农田建设规划（2021—2030年）》，规划提出了今后一个时期高标准农田建设的指导思想、工作原则、总体目标、建设标准和建设内容、建设分区和建设任务、建设监管和后续管护、效益分析、实施保障等，是指导各地科学有序开展高标准农田建设的重要依据。

9月2—6日，亚洲开发银行驻中国代表处首席代表冯幽兰（Yolanda Fernandez Lommen）女士一行实地调研考察了宁夏回族自治区银川市兴庆区和青铜峡市、青海省共和县亚洲开发银行贷款黄河流域绿色农田建设和农业高质量发展项目准备情况。农田建设管理司负责同志陪同参加调研。

9月3日，农业农村部印发《高标准农田建设项目竣工验收办法》，规范高标准农田建设项目竣工验收的条件、程序、内容等，确保项目建设质量。

9月5—17日，国际农业发展基金驻华代表马泰奥（Matteo Marchisio）率队对国际农业发展基金贷款优势特色产业发展示范项目开展了中期检查。农田建设管理司负责同志陪同参加检查。

9月16日，国务院新闻办公室举行国务院政策例行吹风会，发布《全国高标准农田建设规划（2021—2030年）》有关情况。农业农村部副部长张桃林，农业农村部农田建设管理司主要负责同志等出席吹风会，介绍规划编制情况、特点、主要内容和对下一步工作的具体部署，并就有关问题答记者问。

9月17日，全国农田建设工作现场会在山东省德州市齐河县召开，农业农村部副部长张桃林出席会议并讲话，会议深入学习贯彻习近平总书记关于加强农田建设的重要指示批示精神，落实党中央、国务院决策部署，深入交流各地工作情况，全面部署实施《全国高标准农田建设规划（2021—2030年）》，推动年度农田建设任务加快落地。

9月29日，经农业农村部领导同意，农业农村部成立黑土地保护工程实施推进领导小组，并召开首次领导小组会议。领导小组由张桃林副部长任组长，部计划财务司、科技教育司、种植业管理司、畜牧兽医局、农业机械化管理司、农田建设管理司、耕地质量监测保护中心、中国农业科学院农业资源与农业区划研究所为成员单位，负责组织实施国家黑土地保护工程。农田建设管理司主要负责同志参加会议。

10月，由农田建设管理司编写的《农田建设发展报告（2018—2020年）》出版发行。该书系统回顾农田建设的发展历程，记录了2018年机构改革以来农田建设工作的做法成效，为更好地完成新阶段农田建设新任务，提供了全面、权威、实用的参考信息和资料。农业农村部张桃林副部长任农田建设发展报告编辑委员会主任。

11月2日，农业农村部副部长张桃林会见中国科学院副院长张涛一行，就加强东北黑土地保护利用、耐盐碱种质资源开发利用、智能农机助力智慧农业发展等进行交流。农田建设管理司主要负责同志陪同参加会谈。

11月4日，全国冬春农田水利暨高标准农田建设电视电话会议在京召开，中共中央政治局常委、国务院总理李克强作出重要批示，中共中央政治局委员、国务院副总理胡春华出席会议并讲话。会议深入贯彻习近平总书记重要指示精神，落实李克强总理批示要求，要求扎实推进农田水利和高标准农田建设，加快水利高质量发展，为保障国家粮食安全和经济社会持续健康发展提供有力支撑。

11月27日，农业农村部、自然资源部、国家林业和草原局联合印发《关于严格耕地用途管制有关问题的通知》，进一步加大耕地和永久基本农田保护与管控力度，明确建立耕地年度“进出平衡”制度，完善设施农业建设用地审批制度，改进和规范占补平衡，强化永久基本农田用途管控。

12月1日，农业农村部2021年第15次常务会召开，审议并原则通过了农田建设管理司编制的《第三次全国土壤普查工作方案》。会议要求加快建立健全组织机构，印发工作方案，筹备召开电视电话会，研究制定2022年土壤普查试点方案，推进普查工作有序开展。

12月13日，国务院办公厅印发《关于新形势下进一步加强督查激励的通知》，对2018年实施的督查激励措施进一步调整完善，继续将高标准农田建设作为国务院督查激励措施，对高标准农田建设投入力度大、任务完成质量高、建后管护效果好的省（自治区、直辖市），在分配年度中央财政资金时予以激励支持。

12月23日，十三届全国人大常务委员会第32次会议初次审议黑土地保护法草案。农田建设管理司深度参与起草工作。

图书在版编目（CIP）数据

农田建设发展报告．2021／农业农村部农田建设管理司编．—北京：中国农业出版社，2022.12

ISBN 978-7-109-30316-4

Ⅰ.①农… Ⅱ.①农… Ⅲ.①农田基本建设－研究报告－中国－2021 Ⅳ.①S28

中国版本图书馆CIP数据核字（2022）第243588号

NONGTIAN JIANSHE FAZHAN BAOGAO 2021

中国农业出版社出版

地址：北京市朝阳区麦子店街18号楼

邮编：100125

责任编辑：魏兆猛　史佳丽　黄　宇

版式设计：杜　然　　责任校对：吴丽婷　　责任印制：王　宏

印刷：北京通州皇家印刷厂

版次：2022年12月第1版

印次：2022年12月北京第1次印刷

发行：新华书店北京发行所

开本：889mm×1194mm　1/16

印张：7.5

字数：200千字

定价：95.00元
